KB037991

아이의 뇌는 신체 놀이를 원한다

# 아이와 몸으로 놀아주세요

THE ART OF ROUGHHOUSING

Copyright © 2010 by Anthony T. DeBenedet, M.D. and Lawrence J. Cohen, Ph.D.

Illustrations by Carl Wiens

All rights reserved.

First published in English by Quirk Books, Philadelphia, Pennsylvania.

This edition has been published by arrangement with Quirk Production, Inc., through Shinwon Agency.

이 책의 한국어판 저작권은 신원에이전시를 통해
저작권자와 독점 계약을 맺은 포레스트북스에 있습니다.
저작권법에 의해 한국 내에서 보호를 받는 저작물이므로 무단 전재와 복제를 금합니다.

아이의 뇌는
신체 놀이를 원한다

# 아이와 몸으로 놀아주세요

앤서니 T. 디베네뎃 · 로렌스 J. 코헨 지음 / 카를 위엔스 그림 / 송은혜 옮김

포레스트북스

# 차례

프롤로그

# 아이의 마음은 스킨십을 원하고,
# 아이의 뇌는 신체 놀이를 원한다

나는 아버지와 신체 교류 활동을 많이 하며 자랐다. 평범한 포옹은 자주 하지 않았지만 서로의 팔을 툭툭 치고, 하이파이브를 하고, 힘차게 껴안으며 어린 시절을 보냈다. 아버지에게는 이런 종류의 애정 표현이 가장 자연스러운 것 같았다. 내가 어른이 된 지금도 우리는 만나면 종종 격식을 차린 인사 대신 서로를 향해 장난스럽게 펀치를 날린다.

어느덧 나도 아버지가 됐다. 한번은 친구 데이비드네 가족이 놀러 와 주말을 함께 보냈다. 우리는 양탄자에 아이들을 태우고 거친 신체 놀이를 하며 즐겁게 놀았다. 함께 바닥을 구르고 달리고 날아다니고 뛰어오르기도 하면서 신나게 놀다가, 문득 나는 부모와 자녀가 함께 즐기는 거친 신체 놀이에 관한 책이 있는지 궁금해졌다. 다음 날, 온라인 검색을 해봤지만 내가 찾는 책은 없었다. 그래서 놀이에 대한 여러 연구 자료를 찾아봤는데, 그 자료들을 통해 이미 직관적으로 알고 있던 사실을 다시 한번 확인할 수 있었다. 바로, 거친 신체 놀이가 아이에게 신체적·심리적, 심지어 뇌과학적으로도 수많은 이로움을 가져다준다는 것이다.

거친 신체 놀이를 연구하면 할수록 이 주제에 대해 제대로 된 책을 쓰려면 전문가의 도움이 필요하다는 생각이 들었다. 계속해서 검색을 하던 중 심리학자이자 놀이치료 전문가인 로렌스 J. 코헨 박사가 집필한 책 『아이와 통하는 부모는 노는 방법이 다르다』를 우연히 발견했다. 그 책에서 거친 신체 놀이를 다룬 장의 내용이 너무나 마음에 들었던 나는 그에게 전화를 걸었고, 그는 이 책의 공동 저자로 참여해달라는 내 요청을 기꺼이 받아주었다.

만약 당신의 육아 철학을 (문자 그대로) '완전히 뒤집어버릴' 무언가를 찾고 있다면 이 책이 바로 그 무언가다. 우리 어머니께서도 항상 말씀하셨듯, 아이의 어린 시절은 두 번 다시 없다. 그러니 어서 신나게 놀아보자!

– **앤서니**

앤서니와 달리 나는 최근에야 거친 신체 놀이의 즐거움에 눈을 뜨게 됐다. 우리 아버지는 레슬링을 즐기는 분이 아니셨고, 세 명의 누이도 마찬가지였기 때문이다. 어린 나에게 레슬링이란 나보다 크고, 세고, 못된 녀석들에게 실컷 두들겨 맞는 것을 의미했다. 그래서 딸 에마가 어렸을 때 나는 아이와 레슬링을 하는 걸 상상도 해본 적이 없다.

그러나 자식을 향한 부모로서의 사랑은 실로 강했다. 딸을 향한 사랑이 아니었다면 나는 절대 거친 신체 놀이를 하지 않았을 것이다. 에마가 다른 사람들과 함께 레슬링을 하며 너무나 즐거워하는 모습을 보니, 나도 뛰어들지 않을 수 없었다. 얼마 지나지 않아 나는 거친 신체 놀이의 열렬한 신봉자가 됐고, 이 놀이가 얼마나 유익한지를 전파하기 시작했다.

부모 노릇은 좀 할 만하다 싶으면 모든 것이 또 바뀌기 마련이다. 에마는 사춘기에 접어들자 거친 신체 놀이를 예전보다 덜 하게 됐다(그렇다고 아주 그만둔 것은 아니었다). 그때쯤 내 눈앞에 또다시 레슬링의 세계가 펼쳐졌다. 나에게 열 살짜리 의붓아들 제이크가 생긴 것이다. 우리는 거친 신체 놀이를 하며 여러 가지 규칙을 새로 배워나가야 했는데, 대부분 제이크가 아니라 내가 다칠까 봐 만든 것들이었다. 결코 몸을 사리지 않는 제이크와 나는 (가짜로, 때로는 진짜로!) 비명을 질러가며 아주 가까운 사이가 됐다.

아직도 거친 신체 놀이를 망설이고 있다면 이 책을 읽기를 추천한다. 이미 거친 신체 놀이에 입문한 독자라면, 이 책을 통해 더 큰 재미를 만날 수 있을 것이다.

– **로렌스**

1장

# 거친 신체 놀이, 왜 필요할까?

"실제 생활에서 이루어지는 놀이를 말로 묘사하기는 상당히 어렵다. 그러나 대부분 포유동물의 놀이 모습을 지켜보며 받은 인상은, 놀이란 역동적이고 근심 없으며 떠들썩함이란 것이다." _야크 팬크세프Jaak Panksepp, 『정서신경과학Affective Neuroscience』 중에서

놀이는 인간이 가진
중요한 본능 가운데 하나다.
- 요한 하위징아Johan Huizinga

거친 신체 놀이가 무엇인지 떠올리기란 어렵지 않다. 레슬링, 베개 싸움, 침대에서 뛰어내리기, 계단에서 미끄럼 타기 등이 모두 거친 신체 놀이다. 여러 가지 신체 놀이를 소개하기 전에, 우리는 먼저 떠들썩한 놀이의 철학에 관해 이야기해보려 한다. 거친 신체 놀이란 무엇이며, 이것이 부모와 아이에게 어떤 의미를 지닐까?

거친 신체 놀이는 자연스럽고 즉흥적이며 즐거운 놀이를 말한다. 우리는 신나게 노는 동안만큼은 자신이 남들에게 어떻게 비칠지, 또 시간이 얼마나 흘렀는지 걱정하지 않는다. 신체를 움직이는 놀이는 우리 몸을 단련시키고, 긴장을 해소하며, 더 건강하게 만들어준다. 또한 부모와 아이 사이의 교류를 통해 유대감을 높여준다. 특히 부모가 아이와 함께 바닥을 구르며 아이의 풍부한 상상의 세계에 기꺼이 동참할 때, 그 관계는 더욱 가까워진다.

가장 중요한 것은, 거친 신체 놀이는 신나는 놀이이지 위험한 놀이가 아니라는 사실이다. 안전에만 주의한다면, 우리는 거친 신체 놀이를 통해 각자에게 잠재된 창의적인 에너지를 마음껏 발산하고 자신의 한계와 편견에서 벗어날 수 있다.

이처럼 신나고 유대감을 키워주는 신체 놀이는 동물의 세계에서도 쉽게 찾아볼 수 있다. 모든 종의 포유류는 신체 놀이를 즐기며, 포유류 외의 종에게서도 신체 놀이를 하는 모습이 자주 발견된다. 아마도 새끼 사자가 몸싸움을 하며 노는 동영상을 많이 봤을 것이다. 그 외에도 코끼리, 고래, 개미 등 놀랄 만큼 다양한 동물들이 신체 놀이를 즐긴다.

거친 신체 놀이를 학문으로서 처음 연구한 해리 할로Harry Harolow는 위스콘신대학교 동물심리학 실험실에서 히말라야 원숭이 새끼들을 관찰하며 1950년대와 1960년대를 보냈다. 그는 새끼 원숭이들이 자주 거친 신체 놀이를 즐기는 것을 발견했다. 놀이가 진지한 연구 분야로 인정되지 않던 시절이었음에도 할로는 원숭이의 싸움 놀이play-fighting 과정을 세세히 기록했다. 그는 원숭이가 놀 때 입을 벌리고 이빨을 드러내는, 이른바 '놀이 표정'을 짓는다는 사실을 발견했다. 인간의 눈에는 자칫 사나워 보일 수 있는 그 표정이 원숭이들 사이에서는 같이 놀자는 메시지였다.

이후 인간의 행동을 연구한 학자들은 인간의 놀이 모습도 이와 유사하다는 사실을 발견했다. 아이가 거친 신체 놀이를 할 때도 미소와 웃음소리가 동반된 '놀이 표정'이 나타나며, 이것은 지금 하는 행동이 서로를 향한 공격이 아닌 놀이라는 것을 표현하는 신호다. 아이들은 서로 달리고, 쫓고, 뛰고, 도망가고, 엎치락뒤치락 몸싸움을 하고, 넘어지고, 싸우는 흉내를 내며 신체 놀이를 한다. 장난으로 때릴 때는 주먹이 아닌 손바닥을 사용하며 강도도 약하다. 쫓고 쫓기는 역할은 언제든 뒤바뀔 수 있다. 거친 신체 놀이를 할 때 아이들은 역할을 바꾸어가며 서로 쫓거나 꼼짝 못 하게 바닥에 누르기도 한다. 새끼 원숭이들과 크게 다를 바 없다.

## 요즘 아이들의 일상

안타깝게도, 오늘날 가정에서는 거친 신체 놀이를 찾아보기 어렵다. '안전 우선'이 지나치게 강조되다 보니 조금이라도 위험해 보이는 활동은 금지된다. 부모들은 창의력 저하나 공감 능력 상실 같은 실제적인 삶의 위험보다 아이의 무릎이 다치거나 감정이 상하는 것을 더 두려워한다. 심지어 요즘에는 학교 건물을 지을 때 애초에 운동장을 만들지 않기도 한다.

어떤 부모들은 거친 신체 놀이가 ADHD(주의력결핍과잉행동장애)를 부른다고 생각한다. 하지만 결코 사실이 아니다! 그런 부모는 거친 신체 놀이가 공격성과 충동성을 높여 아이를 무절제하고 무질서한 상태에 빠지게 할 것으로 생각한다. 그래서 본능적으로 거친 신체 놀이를 좋아하는 아빠들마저도 애써 억누른다. 아이에게 책은 읽어주지만, 함께 레슬링을 하며 노는 건 주저하는 것이다.

한편 기술의 발달도 신체 놀이가 사라지게 하는 데 기여한 바가 크다. 아이들이 밖에서 노는 것보다 스크린을 보며 시간을 보내는 것이 일상이 됐기 때문이다. 요즘 아이들은 컴퓨터를 하거나 TV를 보며 많은 시간을 보내고, 그 외의 시간은 부모의 통제 속에 많은 일정을 소화하며 지낸다. 한마디로, 모험이 허락되지 않는 환경이다. 아이들의 '놀이'는 언제부터인가 어른이 정한 시간과 장소, 규칙의 지배를 받게 됐다.

아이가 혹시 모를 폭력에 노출되지 않도록 언제나 주의를 기울여야 하는 것은 맞지만, 그렇다고 해서 자유분방하고 시끌벅적한 신체 놀이를 모두 금지해야 하는 것은 아니다. 이런 놀이가 허락되지 않는다면, 아이는 놀 때조차 보드게임의 말처럼 어른에게 조종될 뿐이다.

안타깝게도 이것이 거친 신체 놀이의 슬픈 현주소다. 그러나 신체 놀이의 중요성을 확신하는 우리 같은 유형의 사람들이 있고, 우리는 언제나 도전을 즐긴다. 거친 신체 놀이에 대한 오해를 바로잡아 다시금 생명력을 불어넣는 것이 우리의 가장 큰 소명이다.

## 거친 신체 놀이가 필요하다

놀이, 특히 활발한 활동을 동반한 거친 신체 놀이는 아이의 두뇌 지능뿐 아니라 정서 지능, 사회성, 윤리성을 발달시킨다. 또한 신체를 더욱 건강하게 해주며, 정신적 행복감을 누리게 한다.

이런 우리의 주장은 결코 과장이 아니다. 거친 신체 놀이는 감정 회로의 중심인 편도(림프 조직이 모여 둥글고 작은 덩어리를 이룬 것-옮긴이), 복잡한 운동 기술을 다루는 소뇌, 높은 수준의 판단을 하게 하는 전두엽 피질에 이르기까지 신체와 뇌의 여러 부분을 활성화한다. 즉 거친 신체 놀이는 신체와 지능에만 이로운 영향을 주는 것이 아니라 명예, 정직, 도덕, 친절, 협력 등 가장 높은 차원의 정신적 가치를 함양하는 데에도 좋은 영향력을 끼친다.

## 신나게 놀면 더 똑똑해진다

동물행동학자들의 연구에 따르면 지능이 높은 종일수록 새끼일 때 신체 놀이를 더 많이 한다고 한다. 활발하게 몸을 움직이며 놀 때, 동물의 뇌에는 BDNF(뇌유래신경성장인자)라는 화학물질이 생성된다. 마고 선더랜드Margot Sunderland는 『육아는 과학이다』라는 책에서 "BDNF는 뇌에 주는 비료와 같다"라고 했다. 이 물질은 고등학습, 기억력, 언어, 논리 등을 다루는 피질과 해마의 뉴런 성장을 자극한다. 간단히 말해, 신체 놀이가 동물을 더 똑똑하게 만든다는 뜻이다.

부모와 아이가 함께 몸을 움직이며 신나게 놀 때 신체 조절 능력, 창의력, 정서적 애착 등을 다루는 뇌의 다양한 영역이 활성화된다. 거친 신체 놀이가 뇌세포 간의 연결을 더욱 강화해 지능을 발달시키는 것이다.

놀이와 지능 사이에 연관성이 있다는 이런 주장은 매우 설득력이 있다. 사람의 지능을 측정하는 방법 중 하나는 새롭고 낯선 상황에서 어떻게 반응하는지 관찰하는 것이다. 우리가 사는 이 세상은 너무나 복잡해서 일어날 수 있는 모든 상황을 예측하기란 불가능하다. 마크 베코프Marc Bekoff와 제시카 피어스Jessica Pierce가 공동 집필한 『야생의 정의Wild Justice』에서 주장하듯, 신체 놀이는 포유류가 예측 불가한 상황에 대처할 수 있도록 훈련해준다. 두뇌를 자극해 행동을 유연하게 해줄 뿐 아니라 학습 능력도 향상시키기 때문이다. 이런 원리는 개미, 북극곰, 인간에게 똑같이 적용된다. 아이는 엄마 아빠와 신나게 신체 놀이를 하면서 신뢰와 같은 복잡한 개념을 학습한다.

거친 신체 놀이가 아이를 똑똑하게 만든다는 사실은 아이가 장차 높은 학업 성취를 이룰 수 있도록 토대가 마련된다는 것을 의미한다. 신체 놀이는 실제로 아이의 성적을 향상시킨다. 부모와 함께 몸을 부대끼며 노는 것은 아이의 언어 습득 능력을 키우는 데에도 도움이 된다. 놀이 연구의 대가인 미네소타대학교 심리학 교수 앤서니 펠레그리니Anthony Pellegrini는 거친 신체 놀이가 포함된 자유 놀이가 아이의 학업 성적을 향상시킬 뿐 아니라 교우 관계에도 좋은 영향을 끼친다는 사실을 발견했다. 그는 아이가 초등학교에 입학한 후 얼마나 공부를 잘할지를 예측하려면 실외 놀이터에서 어떻게 노는지, 특히 신체 놀이를 얼마나 많이 하는지 관찰하라고 조언했다. 그것이 아이의 유치원 학업 성취도 결과를 보는 것보다 훨씬 더 정확하다는 것이다.

여기에서 한 가지 의문이 생긴다. 거친 신체 놀이가 학업 성취도 향상에 도움이 된다면, 어째서 점점 더 많은 학교가 학생들 사이의 신체 접촉을 금지하는 것일까? 2009년 3월, 코네티컷주의 한 중학교는 두 학생 간에 싸움이 벌어진 이후 다음과 같은 규칙을 만들어 학부모들에게 공지했다.

"최근 교내에서 걷어차기, 움켜쥐기, 민감한 신체 부위 접촉, 껴안기, 시끄러운 몸 장난 등 심히 우려되는 행동이 자주 보입니다. 안전을 위하여 학생들 간의 신체 접촉을 일절 금하오니 주의해주시기 바랍니다."

학교 행정처가 이런 조치를 취한 이유는 안전 때문이었을 것이다. 하지만 이는 잘못된 이해에서 비롯된 것이다. 학교 폭력은 결코 용납되어서는 안 된다는 주장에 이의를 제기할 사람은 없겠지만, 이런 규칙은 학생들이 서로 포옹하거나 하이파이브를 하는 것도 금지하는 결과를 낳는다.

신경과학자 야크 팬크세프는 『정서신경과학』에서 신체 놀이와 학습 간의 밀접한 관계를 다음과 같이 설명했다.

“동물은 놀이를 할 때 더 유연하고 창의적인 방식으로 행동한다.”

그는 거친 신체 놀이가 학습에 대한 보상뿐 아니라, 학습 전 워밍업 활동으로도 적합하다고 주장한다. 마치 쥐가 서로 레슬링을 하고 싶어서 미로를 학습하는 것처럼, 아이들도 거친 신체 놀이를 할 기회를 얻기 위해서 학습에 더 집중한다는 것이다. 팬크세프는 ADHD의 예방과 치료를 위하여 ‘더 신나고 더 재미있는 신체 놀이’라는 아주 참신한 프로그램을 제안하기도 했다. 신체 놀이가 에너지 발산을 도울 뿐 아니라 주의력, 동기 부여, 지속성, 추론을 담당하는 뇌의 신경망을 재구축하기 때문이다.

거친 신체 놀이가 학습에 좋은 영향을 끼치는 또 하나의 이유는 아이들이 혼나지 않고 실수할 기회를 마음껏 얻을 수 있기 때문이다. 사람은 실수가 허용될 때 더 잘 배운다. 베코프와 피어스는 인간이든 동물이든, 놀이 도중에는 상대방의 실수를 용납하고 사과를 받아들인다는 사실을 발견했다. 이런 경향은 특히 놀이 상대가 자신보다 어릴 때 더 강해진다. 놀이 도중 새끼 늑대가 어미 늑대를 너무 세게 물더라도, 어미 늑대는 부드럽게 야단은 치되 놀이를 멈추진 않는다. 이것이 해리 할로가 말한 '놀이 표정'의 목적이다. 동물이나 인간이나 놀이 중에는 상대에게 끊임없이 '지금은 노는 중이니까 내가 실수하더라도 화내면 안 돼'라는 메시지를 보낸다. 그래서 신체 놀이를 하다가 아이가 규칙을 어기거나 과하게 공격해 오더라도 부모가 이에 대응은 하되 혼내지는 않는 것이다.

물론 거친 신체 놀이가 자녀를 무조건 천재로 만들어주는 것은 아니다. 그러나 신체 놀이가 아이의 지능 발달을 자극하는 요소임은 분명하며, 이 사실이 간과되어서는 안 된다. 우리는 아인슈타인이 신체 놀이를 많이 하며 자랐는지 어쨌는지는 모르겠지만, 티베트의 영적 지도자 달라이 라마Dalai Lama의 어린 시절에 대해서는 알고 있다. 그의 자서전에 따르면, 절에서 처음 수련을 시작하던 무렵 그는 동생과 강제로 떨어져 지내야 했다고 한다. 그 이유는 형제가 거친 신체 놀이를 너무나 많이 했기 때문이다.

## 거친 신체 놀이가 정서 지능을 발달시킨다

똑똑하다는 것이 좋은 성적과 시험 점수만 의미하는 건 아니다. 인생에서 성공하려면 감성 지능도 필요하다. 놀이, 특히 거친 신체 놀이는 감성 지능을 발달시킨다. 어린아이를 키우는 부모가 우리에게 아이를 좋은 대학에 입학시킬 비결을 묻는다면 우리는 한목소리로 이렇게 대답할 것이다.

"더 신나게 놀아주세요!"

감성 지능이란 자신의 감정을 적절히 관리하고 타인의 감정을 정확하게 읽는 능력을 말한다. 이런 능력은 성인이 되어 삶을 성공적으로 이끌어가는 데에도 매우 중요하다. 나이가 어릴수록 이 능력은 덜 발달해 있지만, 거친 신체 놀이를 통해 키울 수 있다.

부모와 아이가 함께 거친 신체 놀이를 할 때, 감정을 고조시켰다가 다시 진정하는 방법이 훈련된다. 이런 훈련을 통해 아이는 자신의 감정을 통제하는 법을 배운다. 비언어적 의사소통을 통해 감정을 가르치는 거친 신체 놀이는 부모의 일방적인 훈계보다 훨씬 효과적이다. 질 좋은 신체 놀이를 할 때 부모와 아이는 서로 눈을 마주칠 기회를 많이 얻는다. 이는 타인의 감정을 읽고 상대의 감정을 배려하는 능력을 키우는 가장 좋은 방법이다.

때때로 아이들은 신체 놀이를 통해 표현하기 어려웠던 감정을 드러내기도 한다. 일테면 신나게 놀다가 갑자기 울음을 터뜨리거나, 화를 내거나, 심지어 물기도 한다. 앤서니의 딸 에바는 두 돌 무렵부터 한동안 무는 습관이 있었다. 아빠와 신체 놀이를 할 때마다 에바는 아무런 경고도 없이 갑자기 아빠의 다리를 물었다.

몇 번 야단을 쳐도 상황이 나아지지 않자 앤서니는 에바의 행동을 곰곰이 되짚어봤다. 그 결과 에바와 레슬링을 할 때 자신이 지나치게 주도권을 잡고 아이가 이길 기회를 주지 않으면 그런 일이 생긴다는 사실을 깨달았다. 또 퇴근이 예상보다 늦어 약속한 시간보다 집에 늦게 도착했을 때 에바가 자신을 가장 아프게 문다는 사실도 알게 됐다. 아빠가 집에 오면 함께 즐겁게 놀다가도 갑자기 속상했던 마음이 떠올라 아빠를 물어버리는 것이다.

이런 사실을 깨달은 앤서니는 아이가 감정을 드러낼 수 있도록 기회를 주고, 아이의 무는 버릇을 고치려 하기보다는 더 신나고 재미있게 놀아주는 데 집중하기로 했다. 귀가가 늦은 날에는 집에 도착하자마자 장난스럽게 "아빠가 늦게 와서 화난 사람, 여기여기 붙어라!"라고 외쳤고, 그럴 때마다 에바는 킥킥대며 아빠에게 달려들었다. 그는 딸과 거친 신체 놀이를 할 때면 곁에 수건 같은 걸 놔뒀다가 에바가 자신을 물려고 할 때마다 건네주었다. 그는 아이를 야단치지 않았다. 어차피 통하지도 않을뿐더러 놀이의 즐거움만 망쳐놓을 것이 뻔했기 때문이다. 그는 대신 에바가 깊은 감정을 폭력적이지 않은(그리고 자신이 덜 아픈) 방법으로 표출할 기회를 주었다.

아이의 감정 표출에 침착하게 대응하면 부모는 아이의 감정을 안전하고 사랑스럽게 담아주는 그릇이 될 수 있다. 이런 부모의 행동은 아이가 자신의 감정을 절제하고 관리하는 능력을 키우는 데 큰 도움이 된다. 부모가 아이를 위해 해줄 수 있는 가장 좋은 행동은 아이가 속상해할 때 곁에서 이야기를 들어주는 것이다. 그런 시간을 통해 아이는 자기 자신을 이해할 수 있게 된다. 한 번이라도 자제력을 발휘하는 경험을 한 아이는 자신의 감정을 통제하는 데 점점 더 자신감을 갖게 된다.

## 아이의 사회성을 길러준다

많은 부모가 아이가 밖에 나가 친구를 잘 사귀지 못할까 봐 걱정한다. 그렇다면 신체 놀이를 많이 하게 하자. 신체 놀이는 아이의 사회성 발달에도 도움을 줄 수 있다. 거친 신체 놀이를 즐기는 아이들은 그렇지 않은 아이들보다 신체적으로도 사회적으로도 적응력이 뛰어나다.

할로의 히말라야 원숭이를 통해 신체 놀이와 사회성 발달 사이에 깊은 관계가 있음을 알 수 있다. 할로는 인간에게는 공격적으로 느껴지는 원숭이들 사이의 싸움 놀이가 건강한 사회성을 기르는 데 필요한 요소임을 발견했다. 실제로 다른 원숭이와 신체 놀이를 하지 않는 원숭이는 성장한 후에도 짝짓기를 하지 않았다. 성장기에 친구와 신체 놀이를 하지 않아 짝짓기하는 방법을 배우지 못한 것이다.

어려서는 친구의 호감을 얻고, 자라서는 이성으로부터 사랑을 받는 데 신체 놀이가 도움이 되는 이유는 우정을 비롯한 모든 인간관계가 표현을 기반으로 하기 때문이다. 특히 남자아이들은 친구에게 "사랑해" 또는 "좋아해"라고 말하는 것이 서투르다. 다행히 남자아이도 애정을 표현할 수 있는 다른 방법이 있다. 놀이 연구가 톰 리드Tom Reed와 맥 브라운Mac Brown은 "아이들은 거친 신체 놀이를 통해 서로에 대한 우정과 애정을 표현할 기회를 얻는다"라고 말했다. 오늘날 유치원에서는 남자아이들에게도 "말로 표현하세요"라고 가르치고 요구하지만, 남자아이들은 본능적으로 신체 접촉과 놀이로 애정을 표현한다. 물론 신체 접촉이 지나치게 거칠어질 때도 있지만, 아이들은 대부분 자신이 어디까지 감당할 수 있는지 분명히 알고 있다.

펠레그리니는 호감형인 아이일수록 거친 신체 놀이를 잘하고, 따돌림당하는 아이일수록 공격적인 성향을 많이 드러낸다고 지적했다. 학생들과 면담을 해본 결과 호감형 아이들은 놀이와 공격의 차이를 쉽게 구분하는 반면, 비호감형 아이들은 그 차이를 알아차리는 데 어려움을 겪는다는 사실을 발견했다. 놀이와 공격을 구분하지 못하는 아이와 거친 신체 놀이를 하다가는 진짜로 한 대 얻어맞을 게 뻔하기 때문에 아무도 다가가지 않게 되는 것이다. 펠레그리니는 거친 신체 놀이가 아이의 사회성과 문제 해결 능력을 개발하는 데 중요한 역할을 한다고 결론지었다.

한편, 호감형 아이는 차례를 지키고 다른 친구의 입장을 헤아리는 일에도 능숙하다. 『야생의 정의』에는 동물이 신체 놀이를 할 때 서로 차례를 지키는 모습이 구체적으로 묘사되어 있다. 쫓는 역할과 쫓기는 역할을 하던 동물들이 한차례 놀고 나서는 역할을 바꾸는 것이다. 부모와 새끼도 이런 역할 바꾸기를 한다. 베코프와 피어스의 주장에 따르면 어미 늑대가 새끼와 놀아줄 때 종종 배나 목을 노출시키는데, 어미 늑대의 이런 행동은 실전에서는 결코 볼 수 없는 모습이다.

팬크세프는 쥐에게서도 비슷한 모습을 볼 수 있다고 말한다.

"두 마리의 쥐가 레슬링을 하며 놀다 보면 얼마 지나지 않아 승자가 분명히 가려진다. 열에 일곱 번은 한쪽 쥐가 이기는데, 그 쥐가 바로 승자다. 승자 쥐는 매번 이기려고 하지 않고 자신의 힘을 조절해서 의도적으로 몇 번 져준다. 안 그러면 놀이가 지속되지 않기 때문이다."

다시 말해 강한 동물이 계속 이기기만 하면 약한 동물이 얼마 안 가 놀이를 그만두기 때문에 강자가 배려한다는 것이다.

리더십과 협상의 비결은 바로 상생이다. 모두가 만족할 만한 결과가 있어야 성립되기 때문이다. 상생의 개념을 이해하는 데 신체 놀이는 매우 유용하다. 상대를 힘으로 제압하려고만 하면, 겁에 질린 추종자는 생길지 몰라도 친구는 사귈 수 없다. 베코프와 피어스는 동물들 사이에서 "모든 참여자가 놀이 외의 목적을 가지지 않을 때만" 놀이가 성립된다고 말했다. 한쪽이 지나치게 공격적으로 굴면 놀이는 중단되고, 모두가 놀이 모드로 돌아왔을 때 비로소 재개된다. 동물이든 사람이든, 자신의 힘을 내려놓고 우정의 힘에 기대게 하는 것이 바로 놀이다.

## 아이의 윤리성과 도덕성을 길러준다

베코프와 피어스에 따르면 윤리와 도덕은 인간의 전유물이 아니다. 많은 동물이 공유·협력·공감·신뢰 등의 개념을 알고 실천하며, 상대방의 행동에 걸맞게 반응할 줄 알고, 사회적 규범도 따른다. 또한 도덕 수준이 발달한 동물일수록 놀이, 특히 신체 놀이를 더 많이 한다. 인간을 제외하고 놀이를 가장 많이 하는 동물은 원숭이를 비롯한 유인원, 설치류, 갯과 동물(개, 늑대 등), 고양잇과 동물(고양이 등), 코끼리, 고래와 돌고래다. 동물이 '야생에서의 정의'를 실현하기 위해서는 많은 놀이 시간이 필요한 모양이다.

동물들이 놀이를 할 때 스스로 힘을 제어하는 모습은 놀라우리만큼 도덕적인 행동이다. 큰 동물이 작은 동물과 놀 때 의도적으로 힘을 조절하는 것을 '도덕적 행동'이라고 하는 이유는 그 동물이 상대와 싸워서 이기기보다 함께 즐겁게 노는 것을 의식적으로 선택했기 때문이다.

스튜어트 브라운Stuart Brown은 자신의 책 『플레이, 즐거움의 발견』에서 이와 관련한 놀라운 이야기를 들려준다. 어느 날 그는 캐나다 북부에서 굶주린 북극곰이 썰매 개와 맞닥뜨린 장면을 목격했다. 주인은 자신의 개가 곰의 점심이 될까 봐 두려워했지만, 갑자기 개가 곰을 향해 뒷다리를 세우고 앞다리를 밑으로 숙여 '플레이 바우Play Bow' 자세를 취했다. 이는 갯과 동물이 '너와 놀고 싶다'라는 신호를 보낼 때 흔히 취하는 자세다. 그러자 놀라운 일이 일어났다. 곰이 그 제안을 받아들인 것이다! 곰은 직선으로 달려들어 공격하는 대신 지그재그로 움직이며 개에게 다가옴으로써 자신도 놀이를 하고 싶다는 신호를 보냈다. 곰은 개를 단숨에 잡아먹을 만큼의 힘을 가졌음에도 자신의 힘을 조절하며 개와 한 시간가량을 함께 놀았다. 심지어 그 곰은 개와 놀기 위해 다음 날 그곳에 다시 찾아왔다.

그런 일이 몇 번 반복된 후, 슬프게도 곰은 결국 포식자의 습성으로 돌아가 개를 잡아먹고 말았다. 종을 초월한 동물 간의 놀이 모습을 더 많이 보리라 기대했던 인간의 예상을 무너뜨리는 결과였다. 몇 번 함께 놀았다고 해서 포식자와 먹이의 관계가 친구 관계로 바뀌었다고 생각한 것이 실수였는지도 모른다. 그럴 만도 한 것이 인간은 바로 그런 방식으로 친구를 사귀기 때문이다.

브라운은 신체 놀이는 폭력적인 행동을 불러일으키는 것이 아니라 오히려 예방한다고 강력하게 주장한다. 그는 자신의 저서에서 이렇게 경고했다.

"동물과 인간의 거친 신체 놀이는 사회적 인식, 협력, 공정성 및 이타주의의 발전과 유지에 필요하다. 이런 신체 놀이의 특성과 중요성을 부모는 쉽게 간과하는데, 그 이유는 애초에 거친 신체 놀이를 제어해야 할 대상으로 인식하기 때문이다."

브라운은 한발 더 나아가 거친 신체 놀이가 공격성을 통제하는 능력과도 연결된다고 말했다.

"거친 신체 놀이 경험이 부족하면 사회성 발달에 필요한 타협 능력이 부족해지며, 성인이 된 후 폭력적인 충동을 통제하는 데 어려움을 겪을 수 있다."

함께 신체 놀이를 하면서 부모는 자녀에게 강자가 약자를 위해 힘을 제어하는 모습을 보여준다. 아이는 그런 부모로부터 자제력과 공평성, 공감 능력을 배운다. 부모는 때때로 일부러 져주면서 아이에게 자신감을 심어주고, 이기는 것이 전부가 아님을 몸소 보여준다. 또한 협력의 힘을 가르치고, 경쟁심에 잠식되지 않도록 이를 적절히 다루는 법도 가르친다. 그 외에도 아이를 신뢰하는 모습을 보여주기에 아이도 부모를 신뢰하게 되며, 무엇보다 자기 자신을 신뢰할 수 있게 된다. 이런 경험이 도덕의 나침반이 되어 언젠가 아이가 부모의 품을 떠나 세상으로 나갈 때 든든한 안내자 역할을 해준다.

## 몸을 건강하게 한다

거친 신체 놀이가 부모와 아이의 몸을 건강하게 만들어준다는 사실에는 많은 설명이 필요하지 않다. 피트니스 센터에 가서 운동하는 것보다 거친 신체 놀이가 체력을 키우는 데 더 많은 도움이 된다는 사실을 눈으로 확인해보고 싶다면 '네이비실(222쪽)'이나 '고양이 점프(224쪽)' 동작을 직접 한번 해보시라. 금방 알게 될 것이다.

신체 건강은 단순히 좋은 체력만 의미하지 않는다. 여기에는 복잡한 운동 기술, 집중력, 신체 조절 능력, 심혈관의 건강, 유연성 등이 모두 포함된다. 이 책에서 소개하는 몇몇 동작은 극도의 집중력과 힘을 요구하고, 또 어떤 동작은 신체 조절 능력과 유연성을 요구한다. 그렇다고 너무 걱정할 필요는 없다. 부모나 아이가 완벽한 체력을 갖춰야만 따라 할 수 있는 것은 아니기 때문이다. 동작을 찬찬히 따라 하면서 자신의 최대치를 찾고, 아이도 자신의 최대치를 찾도록 도와주자. 그리고 다음에 그 동작을 다시 하게 됐을 때, 최대치를 조금씩 늘려가면 된다. 그렇게 하다 보면 그 동작이 매번 새롭게 느껴질 뿐 아니라, 당신의 몸도 매번 새롭게 태어난다는 걸 느낄 수 있을 것이다.

한 가지 기억할 사실은 모든 신체 활동이 동일한 효과를 가져다주지는 않는다는 것이다. 펠레그리니는 자신의 책 『휴식Recess』에서 아이들이 체육 시간에 수업으로 한 신체 활동에서 얻는 효과와 쉬는 시간에 놀이로 한 신체 활동에서 얻는 효과가 다르다는 사실을 지적했다. 그는 두 가지 활동 모두 아이들에게 뛰어다니고 몸을 쓸 기회를 주지만, '자유 놀이'가 허락되는 신체 활동만이 성적 향상이나 사회성 발달로 이어질 수 있다고 설명했다.

자녀와 거친 신체 놀이를 하며 정해진 동작에서 즉흥적인 자유 동작으로 넘어갈 때 이 점을 기억하면 좋다. 즉흥적인 신체 놀이야말로 아이들이 쉬는 시간에 하는 자유 놀이와 가장 비슷한 형태의 활동이기 때문이다.

## 마음을 즐겁게 한다

여기까지 읽은 당신은 우리가 거친 신체 놀이의 열광적인 추종자라는 사실을 눈치챘을 것이다. 거친 신체 놀이를 즐기는 사람은 굳이 연구 자료를 제시하지 않아도 떠들썩하게 놀다 보면 모두가 즐거워진다는 걸 잘 안다. 그런데 그런 사람도 인간의 두뇌가 애초에 거친 신체 놀이를 통해 재미와 기쁨을 느끼도록 만들어졌다는 사실을 알게 된다면 놀랄 수밖에 없을 것이다.

팬크세프는 『정서신경과학』에서 모든 포유류의 뇌에는 언어, 기억, 애착, 위험 평가, 그리고 놀이를 담당하는 회로가 있다고 설명한다. 그는 뇌의 놀이 회로가 (특히 거친 신체 놀이를 통해) 활성화될 때 동물이 즐거움을 느낀다는 사실을 발견했다. 우리를 즐겁게 하는 활동이 이미 뇌에 담겨 있는 것이다. 그래서 쥐는 먹이를 주지 않아도 다른 쥐와 신체 놀이를 하고 싶어서 미로를 학습한다.

비슷한 주제로 연구를 진행한 베코프와 피어스는 이 연구 결과를 다음과 같이 요약했다.

"놀이는 진지한 작업일 뿐 아니라 즐거움 그 자체다. 동물은 혼자 또는 친구와 함께 놀면서 깊은 즐거움과 행복감을 느낀다."

브라운은 수달도 이와 비슷한 행동을 한다는 것을 발견했다. 수달은 단순히 재미 삼아 놀이를 하는 동물로 유명하다.

> 수달을 연구하던 한 생물학자는 어느 날 훈련을 목적으로 수달에게 링 사이를 통과하며 헤엄치는 방법을 가르치고, 과제를 완수할 때마다 먹이를 주었다. 그런데 이 동작을 배운 수달이 스스로 변형 동작을 추가하기 시작했다. 처음에는 몸을 거꾸로 틀어 링 사이를 통과하고 먹이를 주는지를 확인했다. 그 후에는 링을 정 방향으로 통과한 후, 다시 돌아와 반대 방향으로 링을 통과했다. 그 후에는 링을 반만 통과한 후 일부러 멈추기도 했다. 수달은 매번 변형된 동작을 선보이고는 이에 대한 보상으로 먹이를 주는지 안 주는지를 확인했다.

수달은 먹이를 얻기 위해서뿐 아니라 스스로 재미를 느끼려고 이 놀이에 임한 것이 분명하다. 우리 아이들 역시 과제를 수행하기 위해 동작을 배우는 것보다 즐겁게 놀면서 세상이 어떻게 돌아가는지를 더 잘 익힐 수 있다.

## 거친 신체 놀이는 어른에게도 유익하다

거친 신체 놀이는 아이의 두뇌 발달에도 유익하지만, 성인의 두뇌를 운동시키는 데에도 유용하다. 브라운은 이렇게 말했다.

"우리의 두뇌는 20대 이후에도 계속해서 변화한다. 놀이는 평생에 걸쳐 우리 뇌의 신경 발생, 즉 신경 세포의 성장과 연결을 촉진한다. 연구에 따르면 신체 놀이는 치매를 예방하는 데 효과가 있으며 퍼즐이나 놀이 체조, 게임 같은 놀이를 지속적으로 하면 신경 퇴행성 질환을 예방하는 데 도움이 된다고 한다."

우리 어른도 지금 당장 소파에서 일어나 신체 놀이를 해야 할 이유가 생긴 것이다. 거친 신체 놀이가 치매를 예방할 수 있다니!

사실 신체 놀이가 가져다주는 이로움은 아이에게나 어른에게나 똑같다. 아이의 감정에 귀를 기울일 때 어른의 정서 지능도 발달하며, 힘을 절제하여 아이에게 일부러 져줄 때 어른의 공감 능력과 도덕적 판단 능력도 개발된다. 함께하는 신체 놀이는 부모와 자녀가 긴밀한 유대감을 쌓을 수 있는 가장 좋은 방법이다.

이런 애착 관계의 형성은 아이에게도 좋은 일이지만 부모, 특히 아빠에게 정말 좋은 일이다. 대부분의 아빠는 어린 시절 부모와 친밀한 관계를 맺지 못하고 성장했다. 우리 아빠들이 거친 신체 놀이를 좋아하는 이유는 신체 활동으로 시작하는 이 놀이가 감정, 친밀함, 유대감 등 남자에게 익숙하지 않은 영역으로까지 우리를 이끌어주기 때문이다.

어떤 아빠는 아들과 함께 숲이나 습지로 자주 놀러 간다고 한다. 남의 시선을 의식하지 않고 마음껏 뛰어놀 수 있는 장소이기 때문이다. 몸이 더러워지도록 모래와 흙탕물 사이를 신나게 뛰어다니며 한바탕 즐겁게 놀고 나면 아이의 모든 심술이 사라진다고 한다. 그는 아들과 함께 보내는 이런 시간이 단순한 놀이 이상의 의미를 가진다는 것을 잘 알고 있었다.

"함께 물웅덩이와 먼지 구덩이 사이를 뛰어다니고, 소리도 지르고 노래도 부르면서 우리는 이야길 나누기도 하고 서로 한마디도 하지 않기도 해요. 그렇지만 우리 사이에는 단 한 순간도 공허한 침묵은 없답니다. 굳이 말로 공간을 채우지 않아도 되는 시간이 존재할 뿐이죠."

2장

# 거친 신체 놀이 시작하기

"너무 소심하고 까다롭게 자신의 행동을 고민하지 말라. 모든 인생은 실험이다. 실험은 많이 할수록 좋다. 옷이 좀 더러워지고 찢어지면 어떤가? 실패해서 흙구덩이에서 몇 번 구르면 또 어떤가? 다시 일어선 당신은 넘어지는 것을 두려워하지 않게 될 것이다."_랠프 월도 에머슨Ralph Waldo Emerson

많은 것을 이해하고 싶은 사람이라면,
많이 놀아야 한다.
- 고트프리트 벤Gottfried Benn

당신이 사용설명서 읽는 걸 싫어한다는 사실을 우리도 안다. 그러나 이 장의 내용만큼은 꼭 숙지하기를 권한다. 당신이 거친 신체 놀이의 달인으로 거듭나는 데 도움을 줄 중요한 원칙들을 소개할 계획이니 말이다. 핵심 원칙을 익힌 후 바로 시도해볼 수 있는 몇 가지 간단한 놀이도 알려주겠다.

## 중요한 것은 친밀감과 자신감이다

부모가 거친 신체 놀이의 기술을 습득하면 자녀에게 다음과 같은 강력한 메시지를 줄 수 있다.

"네 힘을 다 쏟아내도 좋아. 지금은 너의 힘과 자신감을 마음껏 드러낼 시간이야. 내가 너를 안전하게 지킬게. 그러고 나면 우리는 훨씬 더 가까운 사이가 될 거야."

부모와 자녀가 활발한 신체 놀이를 하며 시간을 보낼 때 얻을 수 있는 가장 큰 보상은 친밀감이다. 부모가 언제나 자신을 든든히 지켜준다는 믿음이 아이의 자신감을 키운다. 아이가 마음껏 힘을 발휘하고 강해질 수 있도록 옆에서 격려하고 응원해주자.

가장 효과적인 방법 중 하나는 아이와 역할을 바꾸어보는 것이다. 자녀에게 더 힘센 역할이나 무서운 역할(괴물, 무서운 개, 주사를 놓는 의사 등)을 맡기고, 부모는 서툴고 두려워하는 역할을 맡아 과장된 몸짓으로 연기해본다. 역할 바꾸기를 통해 자녀는 강해진 기분을 느껴보고, 즐겁게 웃으며 긴장도 해소할 수 있다. 어떻게 해야 할지 잘 모를 때는 무조건 넘어져 보라. 어른이 넘어지는 모습은 언제나 아이를 웃게 만든다. 그리고 자신이 언제나 더 작고, 더 약하고, 더 무력한 존재인 것은 아니라는 걸 깨닫고 자신감을 느낄 것이다.

## 열정적으로 임하라

거칠고 떠들썩한 신체 놀이가 단순히 몸의 움직임으로만 보일 수 있지만, 꼭 그런 건 아니다. 뉴욕 양키스의 위대한 포수 요기 베라 Yogi Berra도 이렇게 말하지 않았는가.

"경기의 95퍼센트 중 절반은 정신에 달려 있다."

정신에 달려 있다는 말은 곧 경기에 더 열정적으로, 더 에너지 넘치게, 더 활력 있게 임하라는 의미다. 거친 신체 놀이에도 이런 정신으로 임한다면 어떤 TV 드라마나 비디오 게임보다 더 재미있고 흥미진진할 것이다.

거친 신체 놀이를 할 때 어른도 자신의 감정에 주의를 기울일 필요가 있다. 혹시 다칠까 봐 긴장되는가? 어린 시절 형한테 두들겨 맞았던 때가 떠오르는가? 너무 피곤해서 그저 눕고만 싶은가? 이런 기분이 든다면 잠깐 휴식 시간을 갖거나 놀이의 강도를 낮추는 것이 좋다. 또 당신이 경쟁심이 강한 사람이라면 본능을 조금 조절할 필요가 있다. 일부러 힘을 빼서 아이가 자기 힘을 느껴보고 자신감을 갖게 하자.

## 여자아이에게도 거친 신체 놀이가 필요하다

거친 신체 놀이는 모든 아이에게 유익하지만, 여자아이보다는 남자아이가 신체 놀이를 훨씬 많이 한다. 물론 신체 놀이를 하는 여자아이도 있고, 하지 않는 남자아이도 있다. 그러나 펠레그리니에 따르면 신체 놀이에 관한 남녀 차이는 꽤 일관되게 나타난다. 남녀의 이런 차이는 호르몬과 사회화, 즉 유전과 환경이 모두 조합된 결과일 것이다.

일반적으로 남자아이들은 여자아이들보다 서로를 더 많이 놀리고, 밀고, 때린다. 싸울 때뿐만 아니라 함께 즐겁게 놀거나 호감을 표현할 때도 그렇다. 아마도 만 3~4세가 넘은 남자아이라면, 직접적인 애정 표현이 남자답지 못하다는 놀림으로 이어질까 봐 그럴 것이다. 그래서 남자아이는 부모, 특히 아빠와 부드러운 신체 접촉을 많이 하는 것이 좋다. 함께 신나게 레슬링을 하는 것도 중요하지만, 서로 많이 안아주는 것도 그 못지않게 중요하다.

반면 여자아이들은 '관계적 공격'을 한다. 서로 흉을 보거나 노려보거나 일부러 무시하며 못되게 구는 것이다. 브라운은 여자아이들 사이에서 심리적인 압박과 따돌림으로 무리를 통제하는 '여왕벌'을 남자아이들 사이에서 힘으로 군림하는 '골목대장'과 비슷한 위치로 봤다. 문제는 이런 행동이 놀이의 흐름을 방해한다는 것이다. 신체적 공격을 받는 것과 마찬가지로, 아이는 따돌림을 당할 때도 상처를 입는다.

이런 패턴을 깨는 데 신체 놀이가 도움을 줄 수 있다. 이는 여왕벌에게도, 따돌림을 당하는 아이에게도 좋은 영향을 끼친다. 그렇다고 여자아이들이 서로 흉을 보는 대신 주먹질을 하게 된다는 의미는 아니다. 거친 신체 놀이를 하면서 자신의 감정을 직접적으로 표현하는 방법을 배운다는 의미다.

이처럼 집에서 부모와 함께하는 신체 놀이는 남자아이에게도 여자아이에게도 좋은 영향력을 끼친다. 그러므로 아들이 몸이 아프거나 감정이 상했을 때, 언제나 자신을 따듯하게 안아줄 든든한 버팀목이 있다는 것을 알려주자. 딸에게는 자신의 힘을 시험해보고, 세상을 향해 좀더 자신감 있게 나아갈 기회를 많이 만들어주자.

아빠들은 보통 딸이 사춘기에 접어들면 신체 접촉을 주저하게 된다. 그럴 필요 전혀 없다. 신체 놀이나 안아주기를 여전히 계속해야 한다. 딸에게 성적이지 않은 신체 접촉의 가치를 가장 잘 알려줄 수 있는 이성은 아빠이기 때문이다.

## 아이와 호흡을 맞추어라

아빠들은 아이와 놀고 싶을 때 갑자기 덮치는 것을 좋아한다. 아이를 불쑥 안아 올리고, 공중에 던지고, 큰 소리를 내며 아이를 거꾸로 뒤집는다. 어떤 아이들은 즐거워하며 까르르 웃지만, 어떤 아이들은 싫은 내색을 해서 아빠를 머쓱하게 한다. 그리고 어떤 아이들은 갑작스러운 놀이가 싫은데도 내색을 하지 않기도 한다. 아빠와 놀고 싶은 마음이 너무 큰 나머지 싫은 것을 억지로 참는 것이다.

거친 신체 놀이를 할 때는 아이를 갑자기 덮치기보다는 아이의 신호를 잘 살펴야 한다. 번쩍 들어 올려 공중제비 돌리기를 하기 전에 아이의 상태를 잘 살펴보자. 아이가 조용하고 침착한 상태인가? 그렇다면 곁에 앉아 그 기분을 잠시 함께 느껴보자. 그런 다음 분위기를 천천히 고조시켜 활발한 놀이를 시작하는 것이다.

거친 신체 놀이를 장려하는 것이 이 책의 목적이지만, 놀이가 잘 진행되려면 아이가 놀라지 않게 하는 것이 중요하다. 어느 정도 성장한 아이는 당신이 언제 자기를 공중으로 번쩍 들어 올릴지 몰라 몹시 흥분되고 긴장되는 기분을 느끼며 기대하고 있을 수도 있다. 그렇다 하더라도 아이가 진심으로 갑작스러운 놀이를 좋아하는지, 그리고 당신만큼 즐기는지 언제나 잘 살펴야 한다. 관찰을 통해 아이에게 지금까지보다 더 큰 도전과 놀라움이 필요하다는 결론을 내릴 수도 있다.

자극의 수준을 조절하는 것도 중요하다. 자녀가 원하는 자극의 정도를 알고, 그 범위 내로 놀이를 유지하는 것이 부모의 역할이다.

자극 수준을 낮추려면 조용하고 부드럽게 말하거나, 천천히 움직이거나, 휴식 시간을 가지면 된다. 반대로 자극 수준을 높이려면 시끄럽고, 빠르고, 거칠게 움직이면 된다. 아이의 감정과 표정을 잘 살피면서 적절한 자극 수준을 유지하자.

## 거친 신체 놀이는 가능한 한 이른 시간에 하자

많은 부모가 자녀의 취침 시간이나 목욕 시간 직전에 거친 신체 놀이를 하는 실수를 저지른다. 신체 놀이는 평온한 상태에서 시작해서, 점점 고조되어 최고 흥분 상태에 이르렀다가, 다시 진정된 상태로 돌아가는 자연스러운 흐름을 따른다. 그런데 이런 놀이의 흐름을 중간에 갑자기 끊으면 역효과가 발생할 수밖에 없다. 놀이가 끝나지도 않았는데 갑자기 진정하라고 강요하거나, 이제 그만하자고 애걸하면 아이는 더 흥분하며 화를 내거나 울어버릴 것이다.

이런 혼란은 쉽게 예방할 수 있다. 놀이 흐름이 한 번의 주기를 도는 데에는 보통 30분에서 60분의 시간이 걸린다. 거친 신체 놀이를 시작할 때 이런 주기를 사전에 고려하여 목욕 시간이나 취침 시간, 식사 시간 전에 여유 있게 마치도록 계획한다. 이를 위하여 가정의 일상 스케줄을 조금 조정해야 할 수도 있지만, 충분히 그럴 만한 가치가 있을 것이다.

## 거친 신체 놀이를 못 하는 아이는 없다

신체적 또는 정서적 장애가 있는 아이라도 거친 신체 놀이를 즐길 수 있다. 사실 특별한 도움이 필요한 아이가 친밀감과 자신감을 키우는 데 가장 필요한 것이 거친 신체 놀이다. 아동행동심리학자인 피터 스미스Peter Smith는 이렇게 말했다.

"자폐나 아스퍼거 증후군을 앓는 아이는 역할 놀이에 관심이 없고 사회적 접촉을 피하려는 경향이 강하다. 그러나 이런 아이도 어른이 주도하는 온화하고 부드러운 신체 놀이는 좋아한다."

아이에 따라 놀이의 강도를 조절할 필요는 있지만, 신체나 정신의 한 부분에 한계가 있다고 해서 그 아이가 모든 면에서 연약한 것은 아니다.

## 조심스럽게, 그러나 너무 조심스럽지는 않게

올바른 지식과 충분한 연습은 안전한 신체 놀이의 조건이다. 그러나 최선을 다했음에도 사고는 발생할 수 있다. 아이는 특히 팔꿈치, 손목, 무릎, 발목 등의 관절을 다치기 쉬우므로 각별한 주의를 기울여야 한다. 영유아와 놀이를 할 때는 머리나 목을 다치지 않도록 신경 써야 한다. 실전에 임하기 전에 언제나 충분한 연습 시간을 갖자.

딱딱한 표면에 머리를 부딪힌 아이가 어지러워하거나 혼란스러워 보이거나 구토를 할 경우에는(자다가 토했는지도 반드시 살펴야 한다) 의

사의 진료를 받아야 한다. 다쳤다고 생각될 때는 바로 병원에 전화하거나 구급차를 부르거나 응급실로 가야 간다.

마지막으로 갑작스러운 복부 공격, 즉 아이가 당신의 배 위로 갑자기 뛰어오르는 것을 주의해야 한다. 사람의 비장과 췌장은 이런 충격에 생각보다 약하다. 심각한 부상을 입을 수 있으니 늘 조심해야 한다. 아이에게 전설적인 마술사 해리 후디니Harry Houdini의 이야기를 들려주고 조심하도록 주의를 주는 것도 한 가지 방법이다(해리 후디니는 복부에 예상치 못한 타격을 받은 후 맹장이 파열되어 그 합병증으로 사망했다).

## 괴로워할 때까지 간지럽히는 것은 금물

어린 시절에 형이 당신을 기절 직전까지 간지럽히던 것을 따라 해서는 안 된다. 아이가 숨 쉴 수 있는 시간을 충분히 주면서 조금씩 간지럽히거나 가볍게 찌르는 것은 괜찮다. 간지럽힐 때 나오는 웃음은 비자발적인 반응이기 때문에 아이가 웃는다고 해서 즐거워하고 있다고 생각해서는 안 된다. 간지럼 타는 부위를 직접 터치하지 말고 주변 부위를 살짝 간지럽히며 아이가 얼마큼 웃는지 살펴보자.

또 반칙에 대한 명확한 규칙을 설정해야 한다. 주먹으로 치기, 발로 차기, 물기, 할퀴기, 머리카락 잡아당기기, 꼬집기, 헤드록(상대의 머리를 옆구리에 끼고 죄는 레슬링 기술-옮긴이) 등은 허용하지 않는다. 밀기, 잡기, 끌어안기까지만 허용하자. 누군가가 반칙을 하더라도 놀이를 갑작스럽게 끝내는 건 좋지 않다. 규칙을 다시 상기시켜주며 당사자의 이야기를 들어본 후, 모두가 준비됐을 때 놀이를 다시 시작한다.

## 아이를 계속 웃게 하라

당신이 어떤 행동을 했는데 아이가 웃음을 터뜨린다면 그 행동을 몇 번이고 반복하라. 당연하게 들리는 조언일지 모르지만, 어른이 아이보다 싫증을 빨리 내기 때문에 이는 생각보다 어려울 수 있다. 아이를 웃게 만들려면 바보처럼 행동하고 자주 넘어져라. 놀이할 때 즉흥적인 요소를 많이 가미하는 것도 좋은 방법이다. 놀이의 흐름에 몸을 맡기고, 아이와 함께 시끄럽고 신나고 엉뚱하고 활기차게 놀아보자.

거친 신체 놀이 도중 웃음기가 사라지는 순간이 있다. 만약 아이가 화난 기색을 보이며 죽을 듯이 덤벼들 땐 잠시 놀이를 중단하라. 그러나 아이의 눈에 장난기가 서려 있고 집중하느라 이마에 땀이 맺혀 있다면, 그것은 아이가 새로운 기술을 몸으로 익히고 있다는 신호다. 처음으로 구름사다리를 건넜거나, 높은 블록 탑을 쌓았거나, 농구공으로 처음 슛을 성공시켰을 때처럼 아이는 거친 신체 놀이를 통해 깊은 배움과 만족의 차원으로 나아가고 있는 것이다.

## '동작 그만'으로 놀이를 원활하게

'동작 그만'을 의미하는 암호를 만들어 놀이 도중 자주 사용하라. 이를 통해 아이는 활동을 고조시켰다가 다시 진정하는 법을 연습할 수 있다. 이때 암호는 '딸기잼!'이나 '소방차!'처럼 엉뚱한 것일수록 좋다. 암호를 외치며 동상처럼 모든 움직임을 멈추고 아이도 그렇게 하게 하라.

동작 그만 자세는 너무 오래 유지하지 말고, 잠시 호흡을 가다듬을 수 있을 정도만 하는 것이 좋다. 단, 누군가가 다쳤거나 규칙을 상기시켜야 할 때는 좀더 길게 유지한다. 처음에는 암호를 외쳐도 아이가 반응하지 않아 아이가 행동을 멈추도록 붙잡아주어야 할 수도 있다. 그러나 아이도 서서히 익숙해질 것이다. '다시 시작'을 의미하는 재미있는 암호도 만들어보자.

## 정서적 응급처치

놀이를 하다 보면 다칠 수도 있다. 실제로 다친것이 아니라 상상의 부상이라 할지라도 아이가 아픔을 호소할 때는 즉시 놀이를 멈춘다. 아이가 상상의 부상을 호소할 때는 대부분 자신의 깊은 감정을 부담 없이 표현하고 싶다는 신호다. 그럴 때는 "진짜로 다친 게 아니잖아"라고 말하지 말고 아이의 말을 들어주자. 이때는 반창고도 후하게 붙여주자!

거친 신체 놀이가 때로는 울음이나 떼를 쓰는 것으로 끝나더라도 놀라지 말라. 그것은 정상적인 현상이다. 정서적으로 안정되고 부모에게 친밀감을 느낄 때 아이는 자신의 깊은 감정을 드러내기 마련이다. 그럴 땐 잠시 놀이를 멈추고, 아이의 이야기를 들어주며 위로해주어라. 아직 아이이기 때문에 감정을 표현할 때 울음 같은 극한 방식을 사용하는 것이다. 아이가 극한 감정을 내보일 때, 어서 그치라고 다그치지 말고 감정을 한껏 표현하도록 허용해주어라. 그런 시간을 통해 아이는 최상의 사고력과 행복감을 되찾고, 다시 놀이로 돌아갈 것이다.

## 주변은 안전하게

자, 당신은 이제 거친 신체 놀이를 하는 데 필요한 모든 준비를 마쳤다. 그러나 놀이를 시작하기 전에 잠시 주변 환경을 둘러보자. 책상이나 식탁의 날카로운 모서리, 유리 꽃병, 벽걸이 선풍기 등 주변에 위험한 요소가 없는지 모두 확인한다. 착용하고 있던 액세서리나 시계도 풀고, 망가지거나 누군가를 다치게 할 수 있는 물건은 모두 치운다.

이 책에서 소개하는 대부분 놀이는 매트, 카펫, 잔디 등이 깔린 부드러운 바닥에서 하는 것이 좋다. 타일, 우드, 시멘트 등으로 된 맨바닥은 피한다. 복잡한 동작은 먼저 머릿속으로 그려보고, 큰 베개로 충분히 연습한 후에 아이와 함께하는 것이 좋다.

## 준비 동작

본격적으로 놀이를 시작하기 전, 몸을 풀고 마음을 준비시킬 몇 가지 간단하고 쉬운 준비 동작을 소개하려 한다. 거친 신체 놀이를 하기 전에 언제든지 할 수 있는 동작들이다. 2분 정도 또는 몸이 움직임에 익숙해질 때까지 하면 좋으나, 준비 동작을 미처 끝내기도 전에 아이가 참을성을 잃고 얼른 시작하자며 달려들 수도 있다. 그래도 괜찮다. 잠시 후퇴했다가 기회가 생길 때 나머지 동작을 하면 된다.

1. 30~60센티미터 정도의 간격을 두고 서로 마주 보고 서서, 서로를 향해 차례로 "하!" 하고 외친다. 이렇게 하다 보면 자신도 모르게 웃게 되고 긴장을 풀게 된다. 신체 놀이는 아니지만 서로 얼굴을 마주 보며 즐겁게 에너지를 고조시킬 수 있는 동작이다.

2. 약간 떨어져 서서 아이와 마주 보고 두 손을 내밀어 팔꿈치를 굽히고 서로 손을 마주 대는 동작을 한다. 손을 맞대지는 말고, 마치 장력으로 서로 밀거나 밀리는 것처럼 함께 원을 그리며 움직이거나 직선을 그리며 앞뒤로 움직인다. 번갈아가며 서로를 리드한다. 서로 호흡을 맞추는 놀이의 사전 동작으로 매우 좋다.

3. 2번과 같은 자세를 취하되 이번에는 손바닥을 마주 댄다. 이때 팔꿈치는 굽힌 자세를 유지한다. 천천히 힘을 주며 서로를 점점 더 세게 밀어본다. 그러나 한쪽이 지나치게 멀리 밀리지 않도록 힘을 조절한다.

4. 3번과 같은 자세를 취하되 이번에는 서로 매트 밖으로 밀어내기, 가상의 원 밖으로 밀어내기 등의 경쟁 요소를 추가한다. 팔꿈치는 굽힌 자세를 유지하며, 상대를 갑자기 세게 밀치지 않는다. 경쟁하면서도 함께 춤을 추듯 여유 있게 움직인다.

5. 바닥에 매트나 접은 침대 시트 등을 깔고 그 위에 엎드린 후, 무릎과 두 손으로 몸을 지지한다. 서로 마주 보고 엎드려 어깨를 겨눈다. 천천히 움직이며 서로 부딪치거나, 서로의 몸을 위아래로 지나가며 돌고래처럼 교류한다.

6. 5번에 경쟁 요소를 추가한다. 상대방을 몸으로 눌러 바닥에 납작 엎드리게 만든다.

준비 동작의 단계마다 자신이 느끼는 감정에 주의를 기울여본다. 빨리 신체 놀이 단계로 넘어가고 싶어 초조해지는가? 아이가 다치거나 자신이 다칠까 봐 걱정되는가? 자신이 바보처럼 느껴지는가? 제대로 하고 있지 않은 것 같아 걱정이 되는가? 어린 시절 부모와 신체 놀이를 하지 못한 것이 서러워지는가? 아니면 어린 시절 부모와 함께하던 놀이가 떠올라 그리워지는가? 무엇이 됐든, 자신 안의 이런 감정을 발견하는 것은 멋진 일이다.

## 바로 시도해볼 수 있는 간단한 놀이 17가지

### 비행기

시대를 초월하는 이 놀이는 영유아와도 할 수 있고, 연령대가 높은 아이들도 무척 좋아한다. 먼저 아빠(엄마)가 등을 대고 누워 무릎을 90도로 굽힌다. 아이를 엎드린 자세로 하여 정강이 위에 올린다. 다리를 앞뒤 또는 양옆으로 움직여 아이가 날개를 단 것 같은 가벼움과 스릴을 느껴보게 한다. 다만, 아이가 토할 정도로 과격하게 움직이지는 않는다.

### 감옥 탈출

소파 쿠션을 쌓아 올려 감옥을 만들거나, 거실에 깔린 카펫 위를 감옥이라고 설정한 후 아이들이 당신을 그 안에 가두게 한다. 그리고 영화 「더 록」의 한 장면처럼 극적으로 감옥을 탈출했다가, 아이들이 당신을 붙잡아 다시 감옥에 가두게 한다. 처음에는 쉽게 붙잡혀주되, 점점 더 붙잡기 어렵게 한다. 상상력을 발휘해 놀이를 더 흥미진진하게 만들어보자. 예를 들어 주변을 가리키면서 "물속에 저거 상어 아니야?"라고 해 상황을 상상하게 한다. 아이가 탈출범 역할을 하기 원하면 그렇게 해도 좋다. 처음에는 쉽게 탈출할 수 있게 해주다가 점점 더 어렵게 만든다.

### 잡을락 말락

매우 간단한 놀이다. 이리저리 도망 다니는 아이를 쫓아다니다가 손이 닿으려는 순간 놓치는 시늉을 하면 된다. 요란하게 넘어지며 불쌍한 표정으로 놓친 아이를 향해 손을 뻗으면 아이는 깔깔대고 웃을 것이다. 그런 후, 다시 일어서서 처음부터 놀이를 시작한다. 아이가 당신에게 안기고 싶어서 일부러 붙잡히려고 하면 그렇게 해주어도 좋다. 그렇지 않다면 이 놀이는 당신이 절망에 빠져 아이 잡기를 포기하는 것으로 끝난다.

### 양팔 감옥

아이를 무릎에 앉히거나 세운 채로 껴안은 후, 느슨하면서도 단단하게 붙잡는다. 그리고 아이에게 품에서 탈출해보라고 말한다. 당신은 양 손목이나 팔꿈치를 붙잡아서 아이를 안전하게 꽉 붙든다. 아이에게 자신만만하게 당신의 위력을 자랑하고("절대 탈출하지 못할걸?"), 아이가 탈출에 성공할 때마다 몹시 놀란 척하라. 놀이를 반복할 때마다 양팔에 조금씩 더 힘을 주어라. 이 놀이는 여러 명의 아이와 해도 좋다. 형제자매나 친구의 도움을 받아 탈출하는 것을 좋아하는 아이도 있고, 혼자 탈출하는 것을 더 좋아하는 아이도 있을 것이다.

## 자석 아빠
●●●●●●

손이 닿는 모든 것(바닥, 탁자 위, 아이의 다리)에 손이 달라붙어 떨어지지 않는 흉내를 낸다. 아이에게 손을 떼어달라고 부탁하되 쉽게 떼어지지 않도록 힘을 조절한다. 마지막 손가락까지 아이가 떼어내면 즉시 다른 물건에 손을 붙인다. 변형된 버전도 재미있다. 양손 사이에 물건(또는 아이의 몸)을 두고 손이 자석처럼 서로 붙은 척을 하라.

## 쿵
●●

아이에게 손가락 하나로 당신의 가슴을 밀어보라고 한 후, 고통스러운 비명을 지르며 쿵 하고 쓰러진다. 넘어질 때는 일부러 더 우스꽝스러운 모습을 연출하여 아이를 웃게 만든다.

"이번엔 정말 못 넘어뜨릴걸?" 하고 말한 후 아이가 밀면 또 오버액션을 하며 넘어진다. 아이는 당신의 그런 모습을 보며 점점 더 자신감을 느끼게 될 것이다. 아이와 어떻게 놀아주어야 할지 잘 모를 때는 그냥 쿵 하고 넘어지는 게 제일 좋은 방법이다.

## 로데오

아기는 어른의 무릎에 앉아 부드럽게 통통 튀다가 예상치 못하게 몇 센티미터 정도 쿵 하고 떨어지는 놀이를 무척 좋아한다. 그보다 연령대가 높은 아이들과도 로데오를 흉내 내며 이 놀이를 할 수 있다. 아이의 등을 보고 무릎 위에 앉힌 후, 양 겨드랑이 밑을 단단히 잡고 무릎을 위아래로 움직인다. 카페인을 잔뜩 먹은 야생마처럼 무릎을 위아래로 신나게 움직여보자.

## 멍청한 피라냐

아이들은 무서운 동물을 매우 좋아하는데, 특히 진짜로 위험하지는 않은 무서운 동물을 좋아한다. 인형이나 양말을 손에 끼고 사납지만 멍청한 피라냐(또는 다른 동물) 흉내를 내며 아이를 쫓아다닌다. '먹이'를 거의 다 잡은 순간 아쉽게 놓치거나 일부러 넘어진다. 의자 같이 엉뚱한 물건을 물어뜯고는 소스라치게 놀라며 파편을 뱉는 척을 해도 좋다. 이 놀이는 아이가 공격적인 충동을 조절하는 법을 배우는 데 특히 유용하다.

## 양말 벗기기

이 놀이는 두 사람이 해도 좋지만 여러 명이 하면 더 재미있다. 모든 참여자는 양말을 신고 둥그렇게 둘러앉아 다리를 가운데로 뻗는다.

'시작' 신호와 함께 모두가 자신의 양말을 사수하며 다른 사람의 양말을 벗기려고 한다. 빼앗은 양말은 주머니에 넣어 숨겨도 되지만 양말 주인은 언제든지 그 양말을 도로 찾아와 신을 수 있다. 다른 이가 가져가지 못하게 양말 한 짝을 사수하면서, 동시에 다른 쪽 발에 양말을 신는 것은 생각보다 어렵다. 한 사람(승자)을 제외한 모든 참여자가 맨발이 되면 놀이가 끝난다.

## 아빠의 사탑

이탈리아 피사의 사탑에서 이름을 따온 이 놀이를 '아빠의 사탑'이라고 부르는 이유는 바로 당신이 탑의 역할을 하기 때문이다. 아이가 당신의 몸을 타고 기어오르게 한 후, 허리춤까지 왔을 때 아이를 붙잡고 기울어진 탑처럼 움직인다. 앞뒤로 뒤뚱거리다가, 뒤꿈치로 걸었다가, 빙글빙글 돌기도 한다. 그러다가 극적인 효과음과 함께 쿵 하고 쓰러진다. 이때 아이가 당신의 몸 아래가 아닌 몸 위로 쓰러지도록 주의한다. 물론 이 놀이를 '엄마의 사탑'으로 변형해도 좋다.

## 울퉁불퉁 쿠션

소파 위에 앉아 있는 아이를 일부러 못 본 척하고 아이 위에 가볍게 앉는다. "쿠션이 왜 이렇게 울퉁불퉁하지? 내가 뭘 깔고 앉았나?" 하고 최대한 시간을 끌며 아이를 불편하게 한다. 아이가 당신을 소파 밖으로 밀어내면 소스라치게 놀란 척하며 "아니, 왜 소파가 나를 밀어내지? 그래도 끝까지 잘 앉아봐야지!" 하고 말하면서 슬며시 다시 앉는다.

## 살살 밀기

영유아와 신체 접촉을 하면 아이의 감각을 자극하는 효과가 있다. 아이를 카펫이 깔린 부드러운 바닥에 눕힌다. 그리고 당신의 머리와 얼굴만 사용해서 아이의 몸을 부드럽게 여기저기 밀어본다. 당신의 머리카락과 얼굴의 터치를 온몸으로 느끼며 아이는 여러 감각이 자극되는 것을 느낄 것이다. 아이가 밀어내면 나가떨어지는 시늉을 했다가 다시 다가와 반복한다.

## 올림퍼스 몬스

태양계 최고의 화산은 화성의 올림퍼스 몬스Olympus Mons다. 아이와 함께 침대나 소파에 앉은 후, 그곳이 용암으로 둘러싸인 화산 꼭대기인 척한다. 번갈아 가며 서로를 용암으로 떨어뜨리려고 하거나, 용감하게 서로를 구조한다.

## 구르기 경주

바닥에 앉아 몸을 공처럼 웅크리고 두 팔로 두 다리를 감싸 안는다.

아이도 같은 자세를 취하게 한다. 미리 정해놓은 결승선을 향해 '실수'로 서로 부딪혀가면서 함께 굴러간다.

### 스모 데드리프트

이 동작을 '스모 데드리프트'라고 하는 이유는 다리에 힘을 주어 허리의 부담을 줄여주는 스모 자세와 비슷한 동작을 하기 때문이다. 먼저 아이가 바닥에 배를 대고 다리를 뻗어 엎드리게 한다. 그리고 아빠(엄마)가 몸을 굽혀 아이의 몸통과 다리를 붙잡아 올림픽 역도 선수처럼 들어 올린다. 아이를 머리 위까지 들어 올린 후 하늘을 나는 것처럼 느끼도록 이리저리 돌아다니다가, 소파 위에 부드럽게 튕겨 오르도록 내려놓거나 바닥에 미끄러지듯 부드럽게 내려놓는다. 아이를 들어 올릴 때 몸통과 다리 외의 다른 부분을 붙잡아선 안 된다. 동작을 변형해 지게차처럼 아이를 앞으로 들어 올려도 좋다.

내려놓는 동작을 할 때는 아이가 마치 커다란 멜론인 것처럼("아이쿠 이런! 멜론을 또 떨어뜨리고 말았네!"), 또는 잠자다가 갑자기 깨어나 당신의 품을 빠져나가려고 몸부림치는 구렁이인 것처럼("요녀석이 또 미끄러져 나갔네!") 해보자.

### 손수레

매우 고전적인 놀이이기에 많은 설명이 필요 없다. 아이에게 팔굽혀펴기 자세(바닥에 손바닥과 배를 대고, 다리는 뒤로 뻗은 상태)를 취하게 하고,

아이의 발목을 뒤에서 붙잡아 들어 올린 후 출발한다. 집 여기저기에 쿠션이나 베개로 만든 탑을 쌓아놓고 그곳에 부딪치게 한다. 곳곳에 선물을 놓아두고 아이가 한 손으로 붙잡게 하면 근력과 신체 조절 능력을 키우는 데 도움을 줄 수 있다.

## 프리 재즈

이 놀이는 프리 재즈free jazz의 선구자 선 라Sun Ra에게서 영감을 받았다. 우리는 이 뮤지션을 참 좋아하는데, 그 이유는 그가 자신이 토성에서 왔다고 주장했을 뿐 아니라 정말 그렇게 믿을 만한 음악 활동을 했기 때문이다.

이 놀이의 핵심은 즉흥적이고 자유롭게 신체를 움직이는 것이다. 아이와 함께 놀다가 어느 때고 규칙, 템포, 에너지 레벨, 움직임을 자유롭게 바꾼다. 누가 리드하고, 누가 따라가는지 불분명해도 상관없다. 당신이 먼저 바닥에 손과 무릎을 짚고 엎드려 아이에게 당신을 넘어뜨려 보라고 도전장을 내밀어도 좋고, 나무 주걱으로 냄비를 두드리며 온 집 안을 춤추며 돌아다녀도 좋다. 아니면 토성에 간 것처럼 손과 발을 쓰지 않고 무중력 상태로 계단을 오를 수 있는지 시험해봐도 좋다. 신나게 마음대로 놀아보자!

3장

# 비행 놀이

"한번 하늘을 날아본 사람은 언제나 하늘을 보며 걷기 마련이다. 한번 가봤던 곳이고, 다시 돌아가기를 갈망하기에."_레오나르도 다빈치 놀이는 우리의 짐을 덜어준다.

- 스튜어트 브라운Stuart Brown

앤서니의 딸 에바는 세 살이 됐을 때 엄마만 찾았다. 매일 밤, 저녁 식사가 끝날 무렵이 되면 에바는 엄마랑 자겠다고 고집을 부렸다. 앤서니가 재워주겠다고 하거나 같이 있으려고 하면 에바는 점점 더 심하게 떼를 쓰다가 결국에는 큰 소리로 울음을 터뜨리고 말았다.

그러던 어느 날, 앤서니는 다른 방법을 써보기로 하고 에바에게 '비행기 나라'로 가자고 했다. 매일 밤, 잘 시간이 되면 그는 여러 비행기구(비행기, 열기구, 제트팩 등)가 되어 아이를 데리고 위층으로 '날아' 올라갔다. 에바는 이 수면 의식을 너무나 좋아했고, 얼마 가지 않아 아빠에 대한 강제 추방 조치는 해제됐다.

아이에게 거부당하면 기분이 상해 놀이를 포기하고 싶을 수도 있다. 그러나 앤서니와 에바는 비행 놀이를 통해 즐거움과 친밀감을 나누며, 단절이 아닌 연결의 방향으로 새롭게 나아갈 수 있었다. 아이의 수면 의식에 다시 참여하게 된 후, 앤서니는 에바가 "아빠, 저리 가"라고 말할 때의 진짜 속마음은 '온종일 아빠가 보고 싶었어. 그렇지만 늦게 온 아빠를 아직 용서하고 싶지 않아'라는 것을 알게 됐다. 이제 그는 에바가 "엄마만 좋아"라고 말하면, 잘 못 들은 척 시치미를 뚝 떼고 "나도 우리 딸이 너무 보고 싶었단다. 오늘은 어떻게 날아볼까?"라고 대답한다.

앤서니와 에바가 집 계단을 오르락내리락하며 보낸 시간은 부녀간의 친밀감뿐 아니라 신뢰를 강화했다. 거친 신체 놀이를 심층 탐구하는 첫 번째 주제로 우리가 '비행 놀이'를 선택한 이유가 바로 그것이다. 비행 놀이의 핵심은 신뢰다. 자신의 힘을 믿고, 타인의 힘을 믿고, 중력의 힘을 믿는 것이다!

물론 아이가 당신을 신뢰하려면 당신이 신뢰할 만해야 한다. 한번 위로 올라간 것은 반드시 아래로 내려오기 마련이므로 팔을 쭉 펴고 언제든지 아이를 받을 준비를 해야 한다. 비행 놀이를 할 때는 언제나 아이의 감정을 잘 살펴서 흥분과 두려움 사이의 미묘한 차이를 구분할 수 있어야 한다. 즐거울 때와 공포를 느낄 때의 표정이 비슷할 수 있기 때문에 언제나 아이의 반응에 주의를 기울이고, 아이가 진짜로 좋아하는 것이 무엇인지 잘 알고 있어야 한다.

비행 동작은 우리가 평소에는 잘 인지하지 못하는 우리 몸의 전정vestibular 신경계를 자극한다. 신경으로 채워진 나선 모양의 전정 신경계는 우리 귀에서 운동 신경의 중추 역할을 한다. 우리는 이를 통해 우리 몸이 어디에 있는지, 어떻게 이곳에 도달했는지, 다음에는 어디로 향할지에 대한 감각을 얻는다. 비행 놀이를 하며 빙글빙글 돌려지거나 거꾸로 들려질 때 우리의 몸은 조정 능력, 선가속도linear acceleration(직선 방향으로의 가속도-옮긴이)와 각가속도rotational acceleration(회전하는 방향으로의 가속도-옮긴이) 기술, 민첩성을 익힌다. 몸이 뒤틀리거나 빠르게 움직일 때 어떤 느낌인지를 뇌가 배우는 것이다. 물리치료

사와 작업치료사occupational therapists(작업을 통해 장애를 극복하도록 돕는 전문가-옮긴이)는 신체 조절 능력이 떨어지는 아이를 또래 수준으로 향상시키는 데 오랫동안 비행 동작을 활용해왔다. 현기증이나 불안정한 걸음걸이로 고생하는 성인에게도 비행 동작은 유용한 치료 방법이다.

거꾸로 매달려 공중을 훨훨 날아다니는 비행 놀이가 얼마나 신나는지 당신도 이미 알고 있을 것이다. 이제 그것이 뇌에도 좋고, 애착과 신뢰를 쌓는 데에도 도움이 된다는 사실을 알았으니 망토를 꺼내 입고 슈퍼맨처럼 날아보자!

## 비행 놀이의 주요 기술

**들어 올리기 >** 아이를 들어 올리는 가장 좋은 방법은 겨드랑이 밑을 붙잡아주는 것이다. 포옹을 하는 것처럼 몸통을 잡아 들어 올려도 좋다. 발목을 잡아 거꾸로 들어 올리는 것은 무릎이나 발목 관절에 부담을 줄 수 있으므로 20킬로그램 이하의 아이들에게만 시도하자.

'트레이 리프트Tray Lift'는 아이에게 팔을 굽혀 몸에 붙이게 하고 팔꿈치 아랫부분을 붙잡고 쟁반을 들듯 들어 올리는 동작이다. 그 외에 두 팔을 쭉 뻗어 마치 지게차처럼 아이의 등이나 배 밑을 안아 올리는 것도 안전하다. 아이의 팔을 뻗게 한 후 두 손을 붙잡아 들어 올리는 방식은 팔꿈치 탈골 위험이 있으므로 권장하지 않는다. 아이를 높이 들어 올리기 전에는 언제나 무릎을 굽혀 당신의 허리를 보호하자.

**빙글빙글 돌리기 >** 빙글빙글 돌리기를 할 때 가장 중요한 것은 견고한 중심축을 만드는 것이다. 중심축이란 당신의 신체와 아이의 신체가 연결된 부분을 의미한다. 머리 높이보다 낮은 지점에서 아이를 돌릴 때는 아이의 겨드랑이나 엉덩이/허벅지 부분을 잡아주는 것이 제일 좋다. 겨드랑이를 중심축으로 삼았을 때는 아이의 다리가 바깥을 향해야 하고, 엉덩이를 중심축으로 삼았을 때는 아이의 머리는 바깥을 보게 하고 다리로 당신의 허리를 감싸게 해야 한다.

돌리는 속도가 빨라지면 겨드랑이 중심축은 팔/손 중심축으로 옮겨가고, 엉덩이/허벅지 중심축은 발목/발 중심축으로 옮겨간다. 아이의 엉덩이/골반을 잡고 있었다면 돌리기 속도가 빨라질수록 자연스럽게 아이의 허벅지로 중심축이 옮겨갔다가 결국에는 발목으로 옮겨갈 것이다. 아이를 머리 위로 들어 올려 수평으로 만들어 돌린다면, 반드시 두 개의 단단한 중심축이 있어야 한다. 보통은 가슴/겨드랑이와 허벅지 안쪽을 잡아주는 것이 제일 좋다. 돌리기를 할 때는 아이를 거꾸로 들어도 좋고, 똑바로 세워도 좋다.

**붕 띄우기 >** 겨드랑이나 다리 등에 최소한의 중심축만 두고, 아이를 머리 위로 들어 올리거나 거꾸로 들어 올려 붕 떠 있게 하는 기술이다. 아이는 이를 통해 중력의 힘에 제압당하기 전에 잠깐의 스릴과 서스펜스를 즐길 수 있다. 거의 모든 비행 동작에 이 기술을 접목할 수 있지만, 아이가 공포가 아닌 즐거움을 느끼는지 늘 확인해야 한다.

**던졌다 잡기 >** 비행 동작 중 아이를 놓아줄 때는 언제나 똑바로 선 자세여야 한다. 단, 지게차 동작으로 아이를 들어 올렸다가 침대 같은 부드러운 표면에 아이를 수평으로 놓아줄 때는 제외한다. 고급 기술로는 아이를 살짝 비틀거나 돌려서 공중에 던지는 것이 있다. 아이를 다시 잡을 때는 겨드랑이와 몸통 위주로 붙잡아야 하며, 절대 팔다리를 잡아서는 안 된다. 고급 기술로는 아이를 완전히 붙잡아주는 대신 당신의 팔이나 손을 사용하여 아이의 몸통 양쪽을 붙잡아 하강을 돕거나 늦추는 것이 있다.

**스포팅**Spotting(체조에서 코치가 선수의 동작을 지지하거나 잡아주고, 착지를 잘못하여 생기는 부상을 예방하도록 돕는 기술—옮긴이) ➤ 당신이 체조 코치가 아니어도 스포팅의 기본 사항을 얼마든지 이해할 수 있다. 스포터의 역할은 아이의 착지를 돕거나, 아이가 안전하게 동작을 완성할 수 있도록 부드럽게 잡아주는 것이다. 스포터는 아이의 몸무게를 완전히 흡수해주기보다는 아이가 똑바로 선 자세를 유지할 수 있게 하고, 머리와 목을 다치지 않게 보호하며, 넘어질 때 충격을 완화해주는 것을 목표로 한다.

스포팅을 할 때 가장 집중해야 할 부위는 아이의 배, 등, 엉덩이다. 아이가 동작을 할 때 스포터는 아이의 배, 등, 엉덩이 중 가장 필요한 부위 위나 아래 또는 뒤쪽에 한 손을 부드럽게 올려놓는다. 다른 손은 펴서 공중에 세워 들고(선서를 하는 것처럼), 언제든지 도움을 줄 준비를 한다. 스포터는 언제나 양손을 위로 들고 무릎을 굽힌 상태를 유지하여 아이가 갑작스럽게 미끄러지거나 넘어질 때 체중을 받쳐줄 준비를 해야 한다.

# 발보아

- **적정 연령** ▶ 만 1~3세
- **난이도** ▶ 하
- **주요 기술** ▶ 붕 띄우기, 던졌다 잡기

붕 띄우기 기술을 최대한 활용한 이 놀이는 영화 「록키」에서 실베스터 스탤론이 하늘을 향해 주먹을 들어 올리는 유명한 장면을 보고 영감을 얻었다. 아이의 겨드랑이 밑에 손을 넣고 아이를 머리 위로 들어 올린 후, 한쪽 손을 놓고 한 손으로만 아이의 겨드랑이 밑을 단단히 붙잡고 더 높이 들어 올린다(이때는 우세한 손, 즉 오른손잡이라면 오른손, 왼손잡이라면 왼손을 사용하는 것이 좋다). 아이를 최대한 들어 올렸을 때 아이의 무게중심이 당신과 비슷하지 않으면 겨드랑이 밑을 잡은 중심축이 무너질 수 있으므로 주의한다. 이렇게 하면 당신이 팔을 내릴 때까지 아이는 공중에 떠 있게 된다.

당신이 영화 속 실베스터 스탤론처럼 대단한 체력의 소유자라면, 아이를 공중에 뜨게 한 상태로 달려도 좋다. 아니면 (마치 투포환을 하는 것처럼) 아이를 최대한 들어 올린 상태에서 놓아주어 잠시 자유롭게 날게 해주었다가 두 손으로 받아 땅으로 내려놓을 수도 있을 것이다. 아이를 내릴 때는 놓고 있던 손으로 아이의 반대쪽 겨드랑이를 받쳐준다.

아이를 공중에 뜨게 한 상태로 달리거나,
아이를 최대한 들어 올린 상태에서 놓아주어
잠시 자유롭게 날게 해준다.

## 성난 덤보

- 적정 연령 ▸ 만 2~5세
- 난이도 ▸ 하
- 주요 기술 ▸ 빙글빙글 돌리기

성난 야생 코끼리 같은 모습을 아이와 함께 연출해본다. 마주 본 상태에서 아이를 안아 올린다. 아이가 다리로 당신의 허리를 감싸게 한 후, 고개와 어깨를 한껏 뒤로 젖혀 아래를 보게 한다. 아이와 당신의 몸이 수직이 되면, 당신의 겨드랑이에 아이의 다리를 끼우고 손과 팔로 아이의 머리와 등을 받쳐준다. 이렇게 하면 마치 당신이 코끼리이고, 아이가 코끼리의 코가 된 것처럼 당신에게 거꾸로 매달리게 된다.

그 상태로 성난 코끼리처럼 울부짖으며 온 집 안을 돌아다닌다. 빙글빙글 돌기도 하고, 좌우로 흔들어보기도 한다. 약간의 연습을 하면 아이가 얼굴을 아래로 한 채 매달릴 수 있을 것이다. 그러면 아이는 두 손을 뻗어 코끼리의 코를 한층 더 길게 만들 수 있다.

마치 당신이 코끼리이고,
아이가 코끼리의 코가 된 것처럼
당신에게 거꾸로 매달리게 한다.

# 잠자는 박쥐

- **적정 연령** ▶ 만 2~8세
- **난이도** ▶ 중
- **주요 기술** ▶ 붕 띄우기

마주 본 상태에서 아이의 손이나 팔 윗부분을 잡아준 후, 아이가 당신의 다리와 몸을 걸어 올라 당신과 수평이 되게 한다. 아이를 단단히 잡은 상태로 아이가 뒤로 몸을 젖혀 머리가 당신의 발목까지 내려오고, 다리가 당신의 가슴 앞에 있도록 한다(좀더 큰 아이라면 아이가 다리로 당신의 목을 감쌀 수 있을 것이다). 아이를 붙잡은 팔을 양옆으로 흔들며 더 박쥐 같은 모습을 연출해본다. 최대 1분 동안 이 자세를 유지한다.

동작을 끝낼 때는 아이가 다리와 발을 바깥으로 뒤집어 내려오게 하고, 아이가 바닥에 완전히 닿을 때까지 손이나 팔을 잡아준다.

아이를 1분 이상 잡고 있을 수 있더라도 (어떤 사람은 박쥐처럼 몇 시간이고 거꾸로 매달려 있을 수도 있겠지만) 그 이상 거꾸로 매달리면 아이의 혈압에 이상이 발생할 수 있다. 당신 또한 등척성isometric(근육의 길이나 관절의 각도가 변하지 않는 상태로 힘을 주는 것-옮긴이) 붙잡기가 익숙하지 않다면 팔 근육의 힘이 금방 풀려버릴 수 있다.

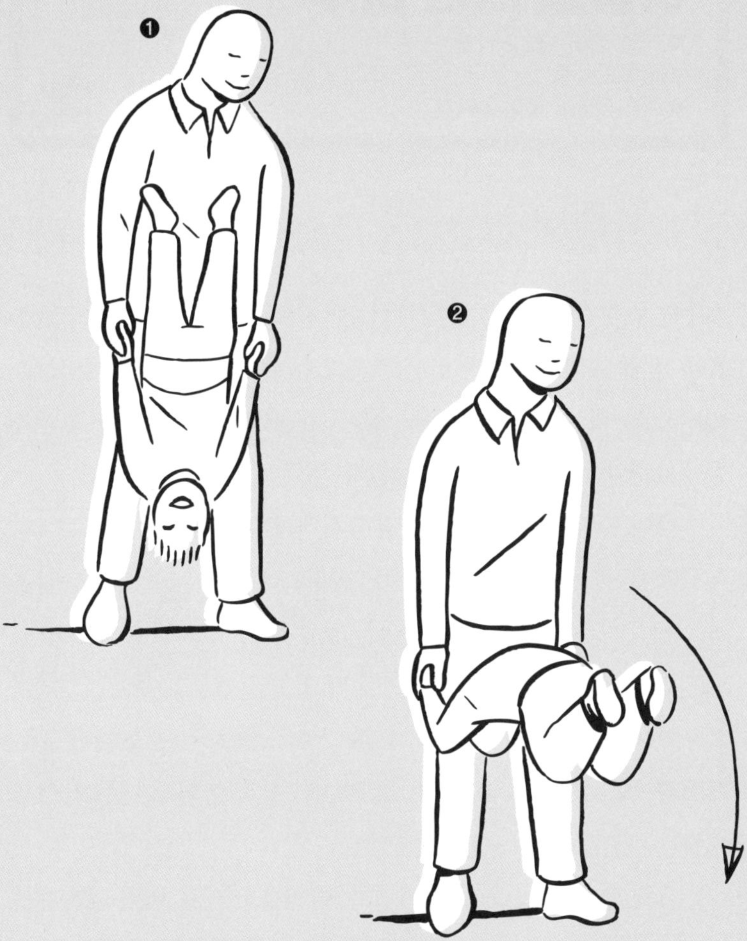


최대 1분 동안 매달린 자세를 유지하게 하고,
동작을 끝낼 때는 아이가 다리와 발을 바깥으로
뒤집어 내려오게 한다.

# 하늘을 나는 여우

- **적정 연령** ▸ 만 2~7세
- **난이도** ▸ 중
- **주요 기술** ▸ 들어 올리기

호주와 뉴질랜드에서 '하늘을 나는 여우flying fox'라 부르는 집라인을 흉내 낸 놀이다. 집라인이란 경사가 있는 두 지점 사이에 케이블을 연결하고, 케이블에 손잡이가 달린 도르래를 달아 탑승자가 한쪽 끝에서 반대편으로 빠르게 이동할 수 있게 한 것이다.

아이를 당신의 우세한 쪽 옆에 서게 한다. 손바닥을 위로 하여 우세한 쪽 팔을 아이의 머리 위로 내밀고, 아이가 집라인의 손잡이를 붙잡듯이 양손으로 당신의 손을 붙잡게 한다. 이때 아이는 몸을 약간 웅크리고 팔꿈치를 양쪽 귀에 딱 붙여 고정해야 한다. 그 상태로 아이와 함께 뛰기 시작한다. 속도가 어느 정도 나면 반대편 팔로 아이의 몸을 아래에서 붙잡아 위로 들어 올려 아이가 나무 사이를 날아다니는 것처럼 느끼게 해준다.

그렇게 열 걸음 정도 달리다가, 아이를 아래로 내려 계속해서 달린다. 그러다가 다시 들어 올려 달리기를 반복한다. 이 동작은 아이가 바위, 소파 등의 장애물을 뛰어넘게 하는 데에도 유용하다. 높은 물체를 뛰어넘을 때는 아이가 다리를 최대한 접어야 한다.

아이는 나무 사이를 날아다니는
새가 된 기분일 것이다.

note | 아이가 다칠 위험을 줄이고 당신의 허리도 보호해야 하므로 아이를 1미터 이상 들어 올리지 않는다.

# 그리스 투석기

- **적정 연령** ▸ 5~8세
- **난이도** ▸ 중
- **주요 기술** ▸ 스포팅

그리스인이 발명한 투석기에서 영감을 받은 놀이다. 바닥에 등을 대고 누워 무릎을 가슴에 모은 후 발을 45도 각도로 세운다. 아이는 바깥을 보고 당신의 발바닥에 몸을 기댄다. 이때 몸을 살짝 웅크리게 한다. 당신은 다리를 굽혔다가 피면서 발을 30~45도 각도로 앞으로 밀어내 투석기처럼 아이가 공중으로 튕겨 나가게 한다.

발로 아이를 밀 때는 위가 아닌 앞으로 향하게 해 아이가 당신의 몸 위로 떨어지지 않게 주의한다. 아이가 착지하는 곳에는 매트리스나 베개 또는 쿠션을 준비해둔다. 착지를 도와줄 스포터가 있으면 좋다.

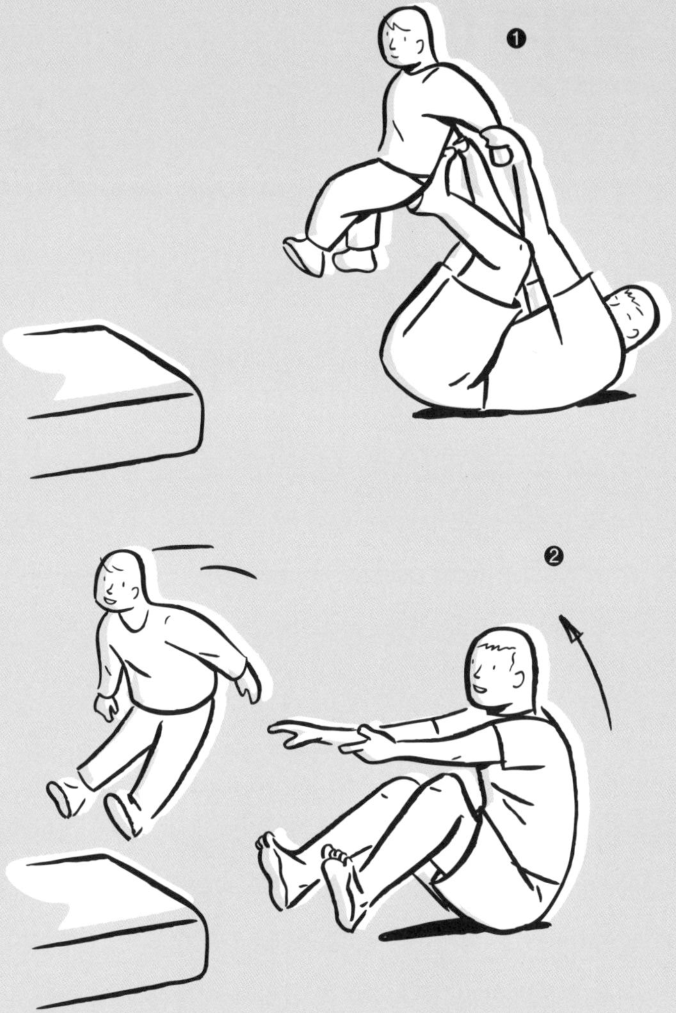


발을 30~45도 앞으로 밀어내
아이가 당신의 몸 위로 떨어지지 않게 한다.

# 열기구 여행

- **적정 연령** ▶ 만 3~6세
- **난이도** ▶ 중
- **주요 기술** ▶ 스포팅

열렬한 열기구 애호가 맥스 리로리 앤더슨Max Leroy Anderson에게서 영감을 얻은 놀이다.

무릎을 꿇고 앉거나 한쪽 무릎을 세우고 앉는다. 아이를 당신의 우세한 쪽 약간 앞에 서게 한 뒤 당신과 비스듬히 마주 보게 한다. 우세하지 않은 쪽 팔을 팔꿈치를 굽히고 손바닥을 위로 하여 마치 쟁반을 들고 있는 것 같은 자세로 앞으로 내민다. 그 상태로 아이가 당신의 팔을 넘어 앞으로 몸을 뒤집게 하면서, 반대쪽 손으로 아이의 등을 받쳐준다. 아이의 몸이 뒤집힐 때, 아이의 몸을 받쳐 우세한 쪽 어깨에 앉게 한다(당신이 어깨를 살짝 내려 아이의 엉덩이 밑에 닿게 한다). 아이는 당신의 뒤쪽을 보고 앉게 될 것이다. 우세한 쪽 손만 사용해도 아이를 충분히 붙들 수 있지만, 반대쪽 손으로도 아이를 잡아준다. 여기까지가 아이를 열기구에 탑승시키는 동작이다.

이제 자리에서 일어나 천천히 달리기 시작한다. 달리면서 몸을 낮췄다 높였다 하며 아이가 열기구 여행을 하는 것처럼 느끼게 한다.

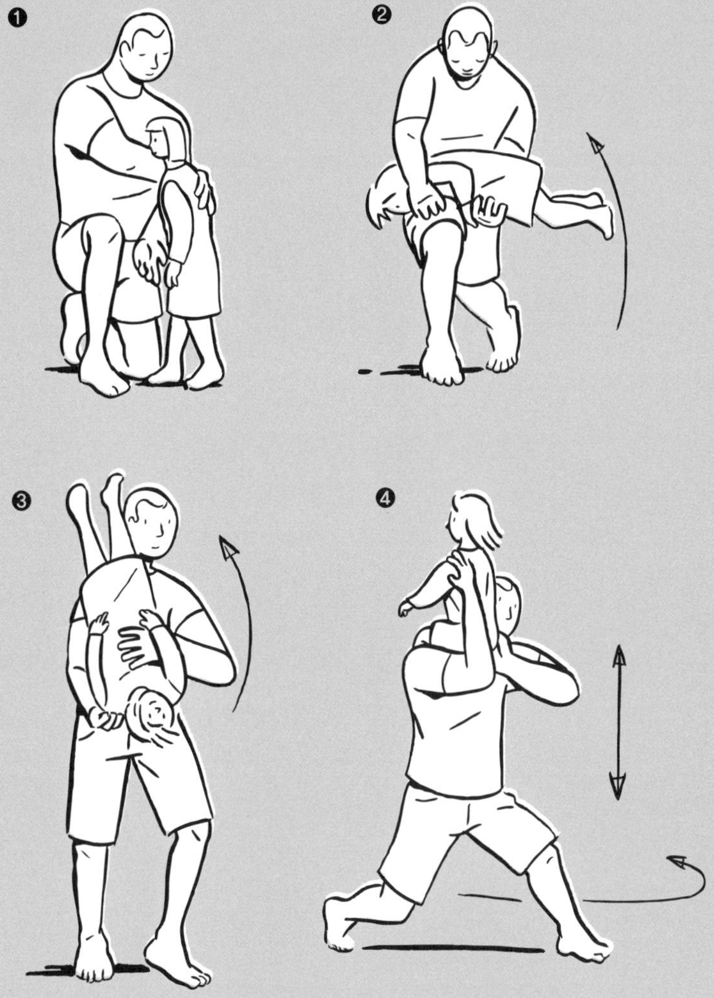


아이의 몸이 뒤집힐 때,
아이의 몸을 받쳐 우세한 쪽 어깨에 앉게 한다.

## X-15 로켓

- **적정 연령** ▶ 만 3~8세
- **난이도** ▶ 중
- **주요 기술** ▶ 들어 올리기, 스포팅

마하 6.7의 속도를 자랑하는 역사상 가장 빠른 유인 항공기의 이름을 따서 만든 이 놀이는 '탑승'하는 동작과 '발사'하는 동작으로 이루어져 있다.

아이를 로켓에 탑승시키기 위해서는 우선 아이의 오른쪽에 서서 왼팔로 아이의 가슴을 잡아주고, 오른쪽 팔로 아이의 다리 뒤를 잡는다. 그 상태로 아이를 들어 올려 한 번에 뒤집어 당신의 왼쪽 어깨에 수평으로 얹어준다. 아이는 머리를 앞으로 향하고, 두 팔을 날개처럼 쭉 편다. 이때 당신의 손을 아이의 겨드랑이 밑에 넣어 단단히 잡아준다. 그런 다음 "발사!"라고 외친 후 로켓의 엔진소리와 날아가는 소리를 흉내 내며 달리기 시작한다.

왼쪽 팔로 아이의 몸통을 감싸고 오른쪽 손으로 아이의 가슴 아래를 잡아주는 것으로 변형해도 좋다. 더운 여름날에는 여러 대의 X-15가 야외로 나가 물대포를 손에 든 꼬마 조종사를 각각 한 명씩 태우고 영웅적인 항공전을 벌일 수도 있을 것이다.

아이가 로켓에 탑승하면 “발사!”라고 외치며
달리기 시작한다.

# 아크로요가

- **적정 연령** ▶ 만 5세 이상
- **난이도** ▶ 상
- **주요 기술** ▶ 스포팅

아크로요가는 요가 동작에 곡예 기술을 접목하여 파트너 간의 신뢰와 상호 연결을 촉진하는 2인 스포츠다. 당신이 베이스base 역할을, 아이가 플라이어flyer 역할을 맡게 된다. 이 놀이를 할 때는 당신과 아이가 요가의 달인이라 할지라도 스포터를 두기를 적극 권장한다 (아빠와 엄마가 모두 놀이에 참여할 좋은 기회다).

바닥에 등을 대고 누워 다리를 모아 90도로 들어 올린다. 무릎을 약간 굽힌 후, 스포터의 도움을 받아 아이가 당신의 발바닥 위에 배를 대고 엎드리게 한다. 이때 아이의 머리 방향은 당신과 같은 방향이어야 한다. 아이가 안정적으로 자리를 잡으면, 다리를 살짝 벌려 아이의 허리/엉덩이 바깥쪽을 지지한다. 천천히 다리를 펴면서 아이의 팔과 다리를 펼쳐 나는 자세를 취하게 한다. 이때 스포터는 아이가 균형을 잃지 않도록 돕는다. 그런 다음 아이의 팔뚝을 당신의 머리 위쪽으로 잡아당겨 아이의 손이 거의 바닥에 닿게 한다. 아이를 내려줄 때는 스포터의 도움을 받아 아이가 당신의 머리 위로 공중제비를 돌아 내리게 한다.

❶

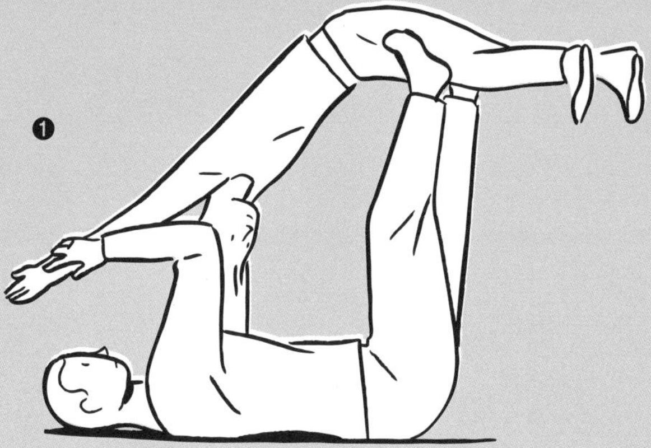

❷

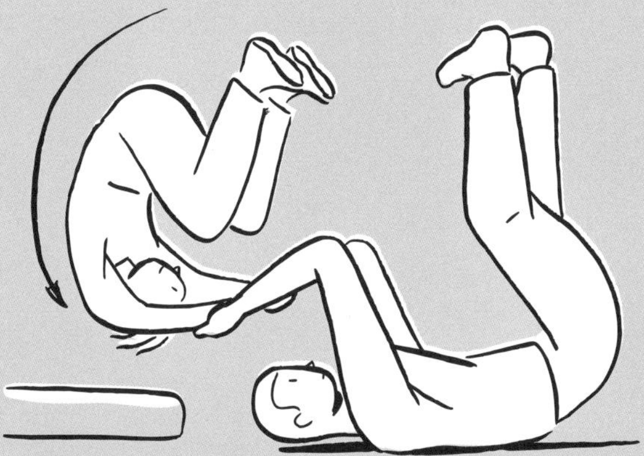

스포터의 도움을 받아
아이를 아래쪽으로 기울여
당신과 얼굴이 거의 맞닿은 상태로 유지하는
변형 동작도 해볼 수 있다.

# 인간 포탄

- **적정 연령** ▶ 만 5세 이상
- **난이도** ▶ 상
- **주요 기술** ▶ 던졌다 잡기, 스포팅

로사 마틸다 리히터Rosa Matilda Richter가 열네 살 때 선보인 인간 포탄 묘기에서 영감을 얻었다. 아이를 인간 포탄처럼 발사하여 부드러운 매트리스에 안전하게 착지하게 하는 놀이다.

바닥에 등을 대고 누워, 손바닥을 위로 해서 팔을 T 자 모양으로 내민다. 그 상태로 무릎을 굽혀 두 발이 나란히 앞을 보게 하여 바닥을 디딘다. 이때 당신의 발가락이 거의 닿을 만큼 가까운 거리에 매트리스를 두어야 한다. 아이를 맨발로 당신의 손바닥 위에 서게 한 후, 윗몸을 굽혀 두 팔로 당신의 무릎을 짚게 한다.

두 사람 모두 준비가 됐을 때 '3, 2, 1'을 외친 후 "빵!" 소리와 함께 아이를 45도 각도로 발사한다. 아이는 매트리스에 몸을 옆으로 구르며 착지한다. 아이가 어리고 경험이 적다면 대포를 발사하기 전 착지 연습을 먼저 해보게 한다.

❶

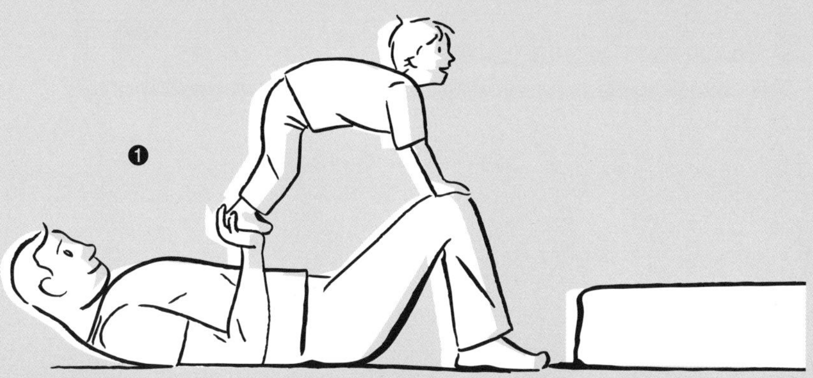

❷

두 사람 모두 준비가 됐을 때,
아이를 당신의 무릎을 넘어 공중으로 발사한다.

## 빙글빙글 괴짜 수도승

- **적정 연령** ▸ 만 3~7세
- **난이도** ▸ 상
- **주요 기술** ▸ 빙글빙글 돌리기

수피 스피닝Sufi spinning은 명상 방식의 하나로, 몇 시간 동안 빙글빙글 도는 것이 특징이다. 그러나 우리가 소개하는 이 놀이는 1~2분 정도만 돌면 되니 걱정하지 않아도 된다.

아이의 발이 잘 미끄러지도록 양말을 신게 한 후 평평한 바닥(나무 바닥 등)에 서게 한다. 당신은 맨발이거나 신발을 신어 발에 마찰력을 유지할 수 있어야 한다. 아이가 양팔을 머리 위로 들게 한 후, 아이의 두 손을 잡고 한 발 뒤로 물러서 아이가 앞으로 45도 각도로 기울도록 한다. 그 상태로 빙글빙글 돈다. 처음에는 아이의 발이 바닥에서 미끄러지겠지만 속도가 붙을수록 아이의 몸이 자연스럽게 붕 떠오를 것이다.

더 재미있는 변형 동작은 아이가 양말을 벗고 당신의 몸에 거꾸로 매달리는 것이다. 아이는 두 발로 당신의 목을 감싸고, 당신은 손으로 아이를 밑에서 단단히 받쳐주며 빙글빙글 돈다. 힘이 센 아이는 발로만 매달리고 싶어 하겠지만 반드시 등을 받쳐주어야 한다.

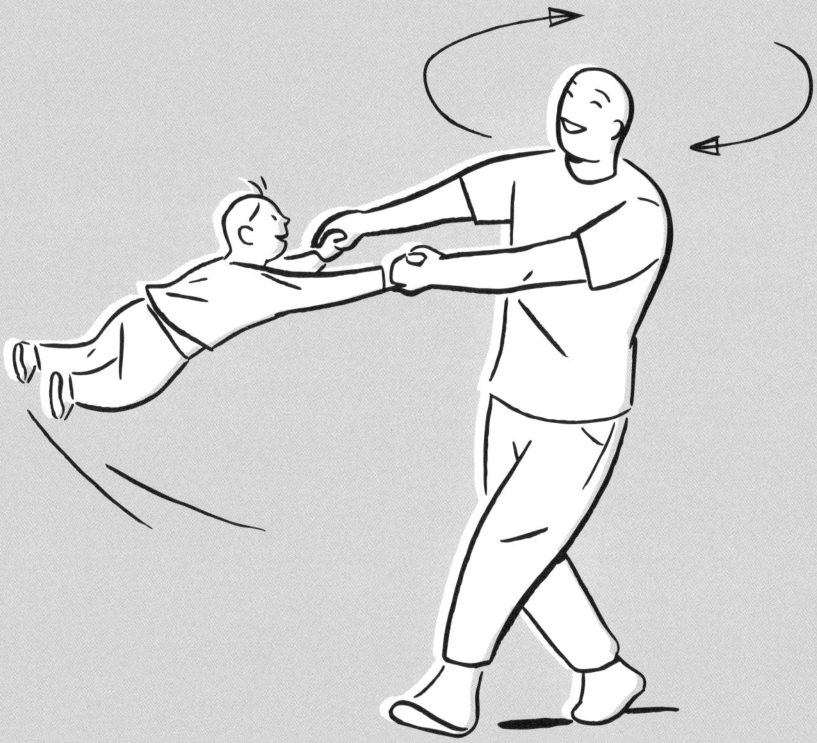

빙글빙글 도는 속도가 빨라질수록
아이의 몸이
붕 떠오르게 될 것이다.

## 비행 놀이의 실전 체험담

많은 사람이 "어렸을 때 아버지가 저를 공중으로 던지는 것이 끔찍하게 싫었지만 한 번도 그 사실을 입 밖으로 꺼낸 적은 없었어요. 아버지가 저와 놀아주는 일이 너무나 드물었거든요"라고 말한다.

제리도 그런 아버지 중 한 명이었다. 그는 아이를 덮치는 것을 좋아했다. 회사에서 퇴근해 돌아오면 그는 딸 킴에게 달려가 덥석 안아 올려 이리저리 흔들고, 공중에 던지고, 함께 온 집 안을 돌아다니며 신나게 춤을 추었다.

문제는 그가 그렇게 할 때마다 킴이 고래고래 소리를 질렀다는 것이다. 아내 팸은 남편의 행동이 마음에 들지 않아 잔소리를 했지만, 그래도 그는 딸과의 놀이 시간을 포기하고 싶지 않았다. 이 문제에 대한 부부의 갈등이 커지자 그들은 로렌스에게 도움을 청했다. 로렌스가 제시한 해결책은 간단했다.

제리는 우선 퇴근 시간을 조절하여 조금 일찍 귀가하기로 했다. 그러면 아이가 잠들기 전에 함께 놀이 시간을 가질 수 있기 때문이다. 일이 남았을 때는 집에 싸 들고 와 아이가 잠든 후에 하기로 했다. 그렇게 하면 아이와 함께 놀 수 있는 시간을 한 시간 넘게 확보할 수 있었고, 아이가 최고 흥분 상태에 도달했다가 다시 진정할 수 있는 시간도 충분히 가질 수 있었다. 함께 신나게 놀고 나서, 아이와 조용한 시간도 가질 수 있게 됐다.

더 중요한 것은 제리가 아이의 신호에 귀를 기울이는 법을 배웠다는 것이다. 그는 집에 오면 우선 딸의 곁에 앉아 아이가 무엇을 하는지 지켜봤다. 그렇게 함께 앉아 신뢰와 친밀감을 쌓는 시간을 충분히 가진 후, 제리는 딸에게 비행 놀이를 하고 싶은지 물었다. 킴은 아직 말이 서툴렀지만, 열심히 고개를 끄덕이며 안아달라는 신호로 두 팔을 벌렸다.

킴은 '성난 덤보(68쪽)'를 변형한 놀이를 제일 좋아했다. 제리가 킴을 안아 올려 자신의 팔뚝에 등을 대고 눕게 하면, 그들은 서로의 눈을 바라볼 수 있었다. 그러면 그는 손으로 아이의 머리를 감싸 안고 앞뒤로 흔들어주었다. 이처럼 유년 시절에 아빠와 비행 놀이를 하며 많은 시간을 보낸 킴은 아빠에 대한 강한 신뢰감뿐 아니라 삶에 대한 대담한 태도를 가진 아이로 성장했다.

이 이야기를 통해 우리는 비행 놀이가 여러 가지 형태로 변형될 수 있다는 것을 알 수 있다. 주저하지 말고 여러 가지 즉흥적인 요소를 더해보라. 위대한 재즈 트럼펫 연주자 마일스 데이비스Miles Davis는 즉흥연주에 대해 이렇게 말했다.

"실수를 두려워하지 말라. 실수란 존재하지 않으니까."

비행 놀이를 하며 전투기 소리, 열기구 소리, 새 소리, 로켓 소리, 승객들의 비명 등을 즉흥적으로 더해보자. 특히 비행 놀이의 주요 기술 중 하나인 '붕 띄우기'를 활용하면 좋다. 이 동작을 놀이에 성공적으로 접목하기 위해서는 아이의 신호를 잘 읽는 것이 중요하다. 아이가 붕 떠 있는 것을 전혀 좋아하지 않는가(즉 놀이 내내 밑을 받쳐주길 원하는가)? 아니면 아주 잠깐만(1초 이하) 떠 있는 것을 좋아하는가? 아니면 길게(최대 2초간의 자유 낙하 또는 거꾸로 매달리기) 떠 있는 것을 좋아하는가?

아이가 "꺅" 소리를 낸다고 해서 반드시 즐거워하는 것은 아님을 기억해야 한다. 정신적으로는 거부감을 느껴도 몸이 스릴에 반응할 수 있기 때문이다. 간지럽힘을 당할 때 자기 의사와 상관없이 웃음이 터지는 것과 같은 원리다. 붕 띄우기 동작을 할 때는 아이의 반응을 충분히 살피면서 떠 있는 시간을 조금씩 늘려가야 한다.

일상생활에서 아이가 비협조적이거나 버릇없이 굴 때는 제일 먼저 아이의 주의를 끌어야 한다. 그렇다고 아이에게 소리를 지르거나 강압적인 방법을 사용하면 다른 문제를 불러일으킬 수 있다. 이런 상황일 때 비행 동작이 매우 유용하다. 아이의 주의를 끌고자 할 때, 때리거나 소리를 지르거나 위협하는 것보다 훨씬 더 효과적인 것이 갑자기 공중으로 발사해주는 것이다. 아이를 장난스럽게 번쩍 안아 올리면서 주의를 환기하고 상황을 바꿀 수 있다. 단, 이것은 침착하게 혼자 잘 있는 아이를 급습하는 것과는 다르다. 목표는 아이의 주의를 끄는 것이지 공포감을 주는 것이 아니다.

미국의 육아 관련 비영리단체인 핸드인핸드 페어런팅Hand in Hand Parenting의 창립자 패티 위플러Patty Wipfler는 이 기술을 '강력한 포옹'이라고 부른다. 그는 이것이 아이에게 소리치거나 벌을 주거나 아예 무시하는 것보다 훨씬 효과적이라고 말한다.

예를 들어 아이가 물건을 어질러놓은 후 치우지 않으려고 한다고 해보자. 한두 번 기회를 주었는데도 아이가 끝까지 "안 치울 거야!"라며 고집을 부릴 때, 이 기술을 활용하면 아이를 위협하거나 벌을 줄 필요가 없다. 그냥 아이를 덥석 끌어안고 비비면서 환한 미소로 "그렇게는 안 될걸?"이라고 말하면 된다. 그러고는 아이를 안아 온 방을 날아다니며 아이의 손이 마치 자석이나 진공청소기가 된 것처럼 어질러진 장난감을 빨아들여 제자리로 가져다 놓게 한다. 환한 미소와 포옹, 재미가 관건이다. 이렇게 하는 이유는 아이를 위협해서 굴복하게 하는 대신 아이의 주의를 환기해 '고집 모드'에서 벗어날 수 있도록 도와주기 위해서다. 아이와의 관계를 무너뜨리지 않고 더 돈독하게 만드는 기술이다.

어느 날 타일러는 아들 데이비와 '빙글빙글 괴짜 수도승(84쪽)' 놀이를 하고 있었다. 그런데 놀이 도중 데이비가 테이블에 발을 가볍게 부딪히고 말았다. 데이비는 다치지 않았는데도 아빠에게 반창고를 붙여달라고 했다. 아들에게는 상처는커녕 긁힌 자국도 없었기 때문에 타일러는 아들의 요구를 거절했다. 그러자 데이비는 떼를 쓰기 시작했고, 아이의 비합리적인 요구에 응하고 싶지 않았던 타일러는 난감함을 느꼈다.

그는 아이가 잠시 울도록 내버려 두고 아내에게 조언을 구했다. 아내는 답답하다는 듯이 말했다.

"그냥 반창고 좀 붙여주면 되지, 뭐가 문제예요?"

타일러는 반창고는 피가 날 때만 붙이는 것 아니냐고 반문하려다가 그게 얼마나 터무니없는 소리인지 깨달았다. 아내의 얼굴에서 "그러니까 집 안에서 그렇게 쿵쾅거리며 놀지 말라고 했잖아요"라고 잔소리를 시작할 기색이 보이자 그는 잽싸게 아들에게 돌아왔다.

"자, 어떤 반창고를 붙일지 같이 골라볼까?"

데이비는 훌쩍이며 고개를 끄덕였고, 그들은 함께 반창고를 꺼내러 갔다.

타일러는 반창고 붙이기도 놀이로 만들기로 작정했다. 타일러와 데이비는 온몸에 반창고를 붙이고는 방에서 책을 읽던 엄마를 습격했다. "우리는 반창고 무법자다!"라고 외치며 그들은 엄마가 읽고 있던 책을 빼앗아 달아났다. '반창고 보이'는 슈퍼맨처럼 팔을 뻗은 손에 엄마의 책을 들었고, 타일러는 그런 아들의 몸을 붙잡아 나는 것을 도왔다. 엄마는 그런 남편과 아들을 쫓아다녔고, 온 가족이 즐거운 시간을 보냈다.

그 후 타일러는 '피가 날 때만' 반창고를 사용한다는 규칙을 버렸다. 반창고가 슈퍼히어로의 패션 액세서리로 유용하다는 사실과 더불어 그것의 상징적인 치유 능력을 발견했기 때문이다.

4장

# 시합 놀이

"인생은 구경만 하는 스포츠가 아니다. 만약 당신이 인생 전부를 관중석에 앉아 '무슨 일이 일어나고 있나' 하고 지켜보는 것만으로 소모한다면, 인생을 낭비하고 있는 것이다."_재키 로빈슨Jackie Robinson, 야구 선수

어린 시절이 행복한 사람이 행복하다.

- 토머스 풀러Thomas Fuller

거친 신체 놀이를 할 때 가장 유용한 소품 중 하나가 매트리스다. 침대 위에 놓아두면 트램펄린이 되고, 바닥에 두면 착지 매트가 된다. 침대 위를 폴짝폴짝 뛰다 보면 놀이가 걷잡을 수 없는 방향으로 흘러가기 마련이지만, 몇 가지 기술을 통해 얼마든지 상황을 바로잡을 수 있다. 다음은 앤서니 친구의 경험담이다.

"하루는 아들 데스먼드와 침대 위에서 뛰며 놀고 있었어요. 정말 즐거웠죠. 그런데 그만 실수로 서로 부딪히는 바람에 아들이 침대에서 떨어지고 말았어요. 아이는 떨어지면서 머리와 다리를 세게 찧었고, 큰 소리로 울기 시작했어요. 간신히 진정시킨 후 살펴보니 다행히 크게 다치진 않았더라고요. 하지만 저는 그 이후 다시는 아들과 거친 신체 놀이를 하지 않았어요. 특히 침대에서 뛰는 놀이는 모두 금지했습니다. 동요 '꼬마 원숭이 다섯 마리가 침대에서 팔짝팔짝No more monkeys jumping on the bed'(꼬마 원숭이 다섯 마리가 침대에서 뛰면서 놀다가 한 마리씩 떨어지고, 의사 선생님은 더는 꼬마 원숭이들이 침대에서 뛰지 못하게 하라고 말하는 내용의 동요-옮긴이)의 가사가 현실이 된 것 같았어요."

친구의 경험담을 들은 앤서니는 곰곰이 생각에 빠졌다. 거친 신체 놀이를 금지해버린 친구의 심정을 이해 못 할 바는 아니었다. 그러나 그는 침대에서 뛰는 놀이도 얼마든지 안전하고 즐겁게 할 수 있다는 것을 알고 있었다. 물론 여럿이서 동시에 뛰는 건 위험하다. 동요의 가사처럼 다섯 마리의 원숭이가 함께 뛰면 당연히 사고로 이어질 수밖에 없다. 앤서니는 안전은 금지가 아니라 올바른 지식에서 비롯된다는 우리의 철학을 토대로, 한 번에 한 사람만 침대에서 뛸 수 있게 하는 '탈출 의자(112쪽)' 놀이를 만들었다. 그 덕에 데스먼드와 그의 아빠는 거친 신체 놀이의 즐거움을 재발견했고, 침대에서 떨어질 걱정 없이 마음껏 놀수 있었다.

사람들이 어릴 때뿐 아니라 성장한 후에도 계속하는 놀이가 있다. 바로 시합 놀이다. 아이가 시합 놀이를 통해 얻는 배움은 어른이 되어서도 유효하며, 성공적인 삶을 사는 데 큰 도움이 된다. 무엇보다도 시합 놀이는 우리가 즐거운 방식으로 경쟁을 경험하게 한다. 아이와 거친 신체 활동을 결합한 시합 놀이를 할 때 우리의 임무는 아이가 경쟁을 두려워하거나 집착하는 대신, 경쟁을 기꺼이 수용하는 방법을 배우게 하는 것이다. 승패보다는 즐거움과 자신감을 얻고 기술을 연마하는 데 집중하게 하자.

기술은 반복을 통해 단련된다. 이 장에서 소개하는 놀이들은 당신이 아이와 함께 장난스럽게 낄낄거리며 또는 '진지한 재미'를 느끼며 몇 번이고 반복할 수 있게 만들어졌다. 시합 놀이는 아이가 팀워크와 개인적 성취를 균형 있게 경험하도록 해준다. 이를 통해 아이는 패배를 받아들이는 법뿐 아니라 겸손한 승자가 되는 법도 배우게 된다.

로렌스의 딸 에마가 4학년이 됐을 무렵, 에마의 바이올린 연습 시간은 아빠와 딸 모두에게 공포의 시간이었다. 딸에게 큰 재능이 보이지는 않았지만, 로렌스는 에마가 한번 바이올린을 배우기로 마음먹은 이상 약속한 만큼의 연습량을 채워야 한다고 생각했다. 몇 주 동안 울고불고하며 말다툼을 이어가던 부녀는 우연히 해결책을 발견했다. 에마가 바이올린 연습을 하다 짜증이 날 때면(연습 시간마다 매번 그랬지만), 아빠와 함께 '박살 내기' 놀이를 하기로 한 것이다. 에마가 고무공을 가져와 벽으로 집어 던지면 로렌스가 마치 자신이 박살 난 것처럼 비명을 지르는 놀이였다. 에마는 깔깔대고 웃으며 공을 던지고 또 던졌다.

이렇게 한바탕 웃고 몸으로 신나게 놀고 나면 에마의 짜증이 한층 잦아들었다. 그러고 나서는 엄지 레슬링을 했다. 이긴 사람이 그날 연습을 5분 더 할 것인지, 덜 할 것인지를 결정할 수 있었다. 이 놀이를 통해 에마는 누군가의 머리(또는 악기)를 박살 내지 않고 바이올린 연습을 매번 무사히 마칠 수 있었고, 아빠와 딸은 화를 내거나 서로를 미워하는 대신 더 가까워질 수 있었다.

시합 놀이의 특징은 인간 지능의 세 가지 측면, 즉 신체 지능, 사회 지능, 인지 지능을 모두 조화롭게 사용한다는 것이다. 신체 지능이 높다는 것은 운동 신경이 뛰어나다는 걸 의미한다. 운동 신경을 지능의 한 형태로 생각하는 것이 이상하게 보일지 모르겠지만, 운동선수가 자기 몸의 위치를 예리하게 파악하고 신체의 여러 부분을 동시에 움직여 여러 가지 동작을 한 번에 해내는 것을 생각해보면 쉽게 이해할 수 있을 것이다. 이 장에서 소개하는 빠르고 거친 시합 놀이는 신체 지능의 여러 요소, 즉 손과 눈의 협응력, 빠른 반사 능력, 균형 감각 등을 발달시킨다.

사회 지능이 높다는 것은 세상 물정이나 상식에 밝다는 것을 의미한다. 시합 놀이는 사회 지능을 키우는 데에도 매우 유용하다. 시합 놀이를 통해 우리는 타인의 속마음을 읽는 법과 신뢰할 만한 사람과 그렇지 못한 사람을 구별하는 법을 배울 수 있다. 또한 원활하게 의사소통을 해야 할 때와 자기 의도를 최대한 숨겨야 할 때를 분간할 수 있다. 몇 수 앞을 바라보며 생각하는 방법과 나쁜 상황에서도 최선의 결과를 도출하는 법을 배울 수 있다.

사회 지능의 발달 측면에서 시합 놀이가 중요한 가장 큰 이유는 아이가 승리에 대한 집착이나 항상 최고가 되어야 한다는 강박에서 벗어날 수 있도록 돕는다는 것이다. 친구를 사귀고 유지하려면, 또한 놀이의 재미를 깨지 않으려면 자신에게 유리하지 않은 규칙이라 할지라도 기꺼이 따르려는 마음을 가져야 한다. 어떤 놀이를 할지에 대한 선택권을 때로는 타인에게 양보할 줄도 알아야 한다. 시합에서 질 때마다 불쾌한 내색을 보인다면 아무도 함께 놀려고 하지 않을 것이다.

우리가 부모들에게 자주 받는 질문 중 하나는 아이와 시합 놀이를 할 때 일부러 져주어도 되냐는 것이다. 우리는 대부분의 경우 져주어도 좋다고 생각한다. 집에서 부모를 상대로 승리하며 쌓은 자신감이 세상에 나가 결코 져주지 않는 동료들과 경쟁할 때 많은 도움이 된다고 생각하기 때문이다.

네드의 아들 마크는 집에서 아빠와 시합 놀이를 할 때 무조건 자신이 이겨야만 직성이 풀리는 아이였다. 네드는 아들이 밖에 나가서도 자신에게 유리할 때만 시합을 하려고 할까 봐 걱정이었다. 그러던 어느 날, 네드는 아들과 함께 체육관에 갔다. 당시 아홉 살 정도 됐던 마크는 10대 형들의 농구 경기를 구경하고 싶어 했고, 네드는 아들을 그곳에 놔둔 채 운동을 하러 갔다. 그가 운동을 마치고 돌아와 보니 마크는 형들의 농구 경기에 끼어 함께 뛰고 있었다. 형들은 어린 마크를 전혀 봐주지 않았다. 그들은 무자비하게 마크의 슛을 막고, 공을 빼앗고, 몸으로 마크를 부딪쳐가며 골대를 향해 뛰었다. 마크는 땀을 뻘뻘 흘리고 거칠게 숨을 몰아쉬며 아주 진지한 표정으로 경기에 임하고 있었다. 네드는 벤치에 앉아 아들의 경기를 지켜봤다. 마크는 아빠를 발견하고 씩 웃더니 다시 경기에 집중했다.

경기가 끝났고 마크의 팀은 패배했다. 네드는 아들이 집에서처럼 울고불고 난리를 피울 것으로 생각했지만 그런 일은 일어나지 않았다. 경기가 종료되자 마크는 형들과 하이파이브를 한 후 아빠에게 곧장 달려와 "정말 재미있었어!"라고 말했다. 집에서 아빠와 쌓았던 자신감이 빛을 발한 것이다.

우리가 앞서 '대부분의 경우' 져주어도 좋다고 말한 이유는 예외도 있기 때문이다. 아이가 당신에게 일부고 져주고 있는 것인지, 아니면 있는 힘을 다해 시합하고 있는지 묻는다면 "내가 어떤 식으로 하는 게 더 좋아?"라고 물어보자. 아이가 이미 당신을 상대로 수

백만 번 이긴 상태라면, 이제는 정정당당하게 자신의 힘을 시험해 보고 싶을 수도 있다. 그럴 때는 힘을 조금씩 더하다가 막판에 가서 져주는 방법을 사용하면 좋다. 또는 '아펠(104쪽)'처럼 짧게 반복할 수 있는 놀이를 여러 번 하며 몇 번은 이기는 모습을 보여주는 것도 좋다.

앤서니의 딸 에바는 아빠와 기억력 게임을 할 때 스스로 규칙을 만드는 것을 좋아했다. 물론 에바가 만든 규칙은 본인에게 매우 유리했다. 몇 번 에바의 방식대로 놀이를 한 후 앤서니는 "진짜 규칙으로 할까, 아니면 에바 규칙으로 할까?"라고 물었다. 자신에게 선택권을 주면 에바는 가끔은 진짜 규칙을 선택했다. 공정한 시합을 해보고 싶은 마음도 있기 때문이다. 그러나 자신감을 느끼고 싶을 때나, 아빠와 함께하는 삶은 경쟁이 아니라는 것을 확인하고 싶을 때는 자기가 정한 규칙을 선택했다.

아이가 반칙을 하더라도 야단치지는 말자. 아이는 자신이 더 약하고 경험이 적다는 걸 알기 때문에 상황을 좀더 공정하게 만들려는 것뿐이다. 그럴 때는 미소로 아이의 반칙을 당신이 알고 있다는 것을 알려주되, 아이가 더는 반칙을 할 필요가 없을 때까지 기다려주자.

어떤 부모는, 특히 아빠들은, 자녀에게 세상에서 살아남는 법을 가르치기 위해 집에서도 엄한 기준을 세워야 한다고 주장하기도 한다. 그러나 우리의 생각은 다르다. 비록 경쟁을 기본으로 한 시합놀이라 하더라도 놀이를 할 때는 아이가 즐거움과 친밀감에 집중할 수 있게 해주어야 한다. 우리는 아버지가 자신에게 너무 엄격했다고 불평하는 남자 어른은 많이 봤어도, 아버지와 신나게 놀다가 너무 많은 즐거움과 친밀감을 느꼈다고 불평하는 남자 어른은 아직까지 한 번도 만나보지 못했다.

거친 신체 활동을 동반한 시합 놀이는 신체 지능과 사회 지능의 발달 외에도 인지 능력, 즉 사고력 발달과도 많은 연관이 있다. 처음에는 단순한 놀이만 하던 아이가 점점 더 복잡한 놀이를 터득해가며 사고력을 발달시킨다. 기술은 점점 더 어려워지고, 규칙은 복잡해지며, 놀이는 정교해진다. 즉 더 많은 두뇌 능력이 필요해지는 것이다. 펠레그리니는 시합 놀이를 잘하는 아이일수록 친구를 잘 사귀며 인기가 많은 아이일수록 시합 놀이를 잘한다고 말했는데, 바로 이런 이유에서다.

## 시합 놀이의 주요 기술

**신체 활동** › 거친 신체 놀이 게임과 보드게임의 주된 차이점은 신체 활동을 하느냐 아니냐다. 이 장에서 소개하는 모든 게임에는 신체의 움직임이 포함되어 있다. 가위바위보 놀이를 예로 들어보자. 바위가 가위를 이길 때, 당신의 바위로 상대방의 가위를 찰싹 때려줄 수 있다. 보가 바위를 이길 때, 당신의 보로 상대방의 바위를 꽉 잡을 수 있다. 다만 때리거나 잡을 때 아이가 즐길 수 있는 정도까지만 강도를 조절하면 된다.

**모험심 자극** › 놀이를 하는 내내 스릴과 재미를 느낄 수 있도록 환경과 분위기를 조성한다. 이때 아이가 느끼는 모험심은 실제일 수도 있고 상상의 산물일 수도 있다(어느 쪽이든 아드레날린이 분비될 것이다). 상상의 모험심을 자극하는 데에는 용암, 상어, 개미지옥 등이 좋고, 실제 모험심을 자극하는 데에는 언덕, 숲, 평균대 등을 활용하면 좋다.

**승패** › 아이가 자신감을 가지고 세상에 나가 경쟁하기 위해서는 부모와 함께하며 자신감을 키우는 성공 경험을 쌓아야 한다. 아이와 놀이할 때는 당신의 경쟁심이 지나치게 발휘되지 않도록 조심하고, 아이가 놀이 수준을 높이고 싶다는 신호를 보낼 때까지는 아슬아슬하게 져주자.

**규칙** › 모든 시합 놀이에는 규칙이 있으므로 아이가 이를 따르도록 가르쳐야 하지만, 규칙을 느슨하게 적용하는 것은 괜찮다. 기존의 규칙을 변형해도 좋고 새로운 규칙을 함께 만들어도 좋다. 아이들은 규칙에 대해 논쟁하는 것을 좋아하는데, 이것도 재미의 일부라는 것을 기억하자. 당신이 더 크고 힘이 세다는 이유로 모든 시합에서 이겨야 하는 것은 아니듯, 규칙에 대한 논쟁에서도 당신이 매번 이겨야 하는 것은 아니다.

**노하우** › 모든 시합에는 특정 기술의 연습이 필요하다. 어떤 아이들은 기술을 완성하기 위해 그에 따른 연습을 해야 한다는 것을 쉽게 받아들이지만, 어떤 아이들은 처음부터 완벽하게 하지 못하면 쉽게 포기하려 한다. 어른인 당신에게도 연습이 필요하다는 사실을 아이에게 직접 보여주자. 놀이가 재미있고 즐거울 때 아이는 계속해서 연습하고 자신만의 노하우를 개발하려 할 것이다.

# 아펠

- **적정 연령** ▶ 만 5세 이상
- **난이도** ▶ 하
- **주요 기술** ▶ 신체 활동, 승패

아펠Appel은 펜싱 경기 중 상대편을 산만하게 하려는 의도로 발을 구르는 것을 의미한다. 아이와 마주 보고 서서 각자 왼발을 뒤로 빼서 몇 발짝 뒤로 물러난 후, 서로에게 결투를 신청한다. 서로를 향해 오른발을 쿵 하고 구른다. 이때 서로의 발이 나란히 놓이게 하고 입으로는 "키야!"라고 외친다. 각자 왼손을 내밀어 손을 맞잡거나, 상대의 왼팔을 잡는다. 이제 서로 앞으로 내민 오른발과 서로 맞잡은 왼손을 제외한 나머지 신체는 마음대로 움직일 수 있다. 상대방의 오른발을 먼저 움직이게 만드는 사람이 승자다.

만약 한 사람이 왼손잡이고 다른 사람은 오른손잡이라면 시합을 할 때마다 발을 바꾼다. 이 놀이에 눈싸움을 접목해도 좋다. 결투를 하면서 발을 움직이지 않는 것에 더하여 눈 맞춤을 유지하고, 끝까지 웃지 않은 사람이 추가 포인트를 얻는다.

서로의 발이 나란히 놓이게 하고
입으로는 "키야!"라고 외친다.

# 시끌벅적 베개 싸움

- 적정 연령 ▶ 만 4세 이상
- 난이도 ▶ 하
- 주요 기술 ▶ 승패

이 놀이를 위해서는 크고 푹신푹신한 침구용 베개가 제일 좋으며, 작고 단단한 소파용 쿠션은 적합하지 않다. 아이와 베개 전투를 벌일 때는 지퍼가 붙은 쪽을 잡아 반대편으로 상대를 때려야 한다. 그래야 눈이 다치는 것을 예방할 수 있다. 때리는 용도가 아닌 던지는 용도로는 지퍼 없는 소파용 쿠션이 제일 좋다(이런 쿠션을 스로 필로throw pillow라고 하는 이유가 무엇이겠는가).

연령이 높은 아이들은 머리는 열 번, 다리는 다섯 번 때리면 득점하는 식으로 스코어를 매길 수 있는 베개 싸움을 더 좋아할 것이다. 나이가 어린 아이들은 당신이 베개에 맞아 호들갑을 떨며 넘어지는 모습을 보며 가장 즐거워할 것이다. 아이와 베개 싸움을 할 때는 언제나 상대에 맞추어 힘을 조절한다.

나이가 어린 아이들은
당신이 베개에 맞아 호들갑을 떨며 넘어지는 모습을
가장 좋아할 것이다.

# 전차 경주

- **적정 연령** ▸ 만 4세 이상
- **난이도** ▸ 중
- **주요 기술** ▸ 신체 활동, 승패

전차 경주는 고대 로마에서 사람을 죽이지 않는 관중 스포츠 중 가장 인기 있었던 종목이다. 이 놀이는 넓은 잔디밭이 있는 야외에서 하는 것이 제일 좋으며, 실내에서 할 때는 충분한 공간을 확보하여 벽에 부딪히지 않도록 한다. 경주 트랙은 짧고 좁게 만든다. 그래야 여러 번 돌 수 있고, 경주를 하면서 상대방에게 몸을 자주 부딪치며 이 놀이의 진정한 묘미를 즐길 수 있다. 고대 로마의 전차 경주자들은 턴을 할 때 일부러 상대방을 몸으로 밀어 전차에서 떨어뜨리곤 했다. 이 놀이를 할 때도 마찬가지다.

전차 경주 놀이는 두 가지 자세로 할 수 있다. 하나는 손과 무릎으로 바닥을 짚고 네발로 기는 '곰 자세'이고, 또 하나는 엉덩이를 아래로 하여 손과 발을 사용해 기는 '게 자세'다. 곰 자세로 경주할 때는 서로 어깨로만 밀어야 하며, 게 자세로 경주할 때는 엉덩이로만 밀어야 한다. 어른과 아이가 섞여 팀으로 놀이할 때는, 어른이 곰 자세를 취하고 아이가 어른의 등에 올라타게 한다(반드시 야외에서 놀이할 때만 이 방식을 사용한다).

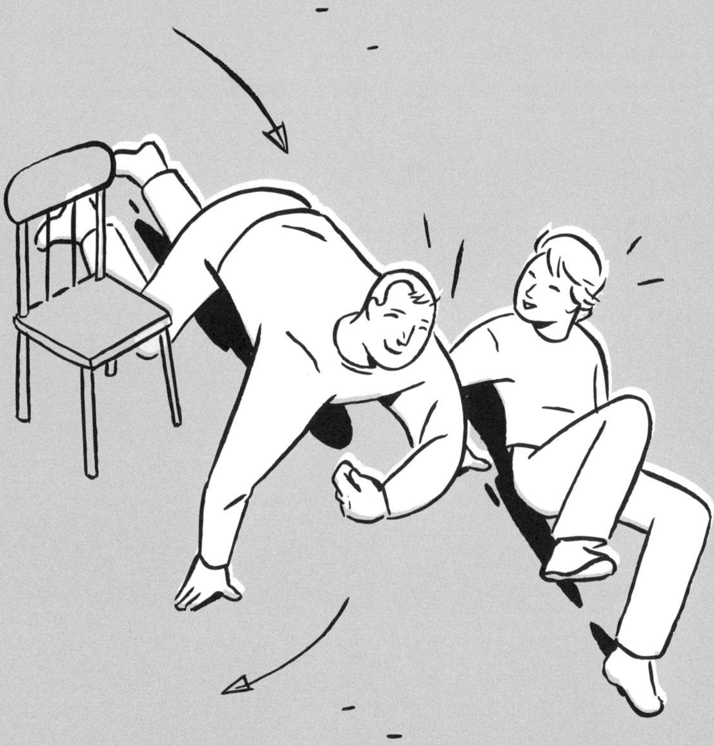

트랙을 한 번 돌 때마다
곰 자세와 게 자세를 번갈아 바꾸어도 좋다.

note

아이와 몸싸움을 하며 경주할 때, 주로 넘어져야 하는 사람은 당신임을 잊지 말자! 아이가 이 놀이를 좋아해서 자주 하고 싶어 하면 무릎패드를 착용하여 통증과 부상을 예방하자.

# 절벽 타기

- **적정 연령** ▶ 만 3세 이상
- **난이도** ▶ 중
- **주요 기술** ▶ 노하우

경쟁보다 협력이 필요한 놀이다. 당신이 먼저 기본자세를 취한다. 보이지 않는 의자에 앉아 있는 듯 엉거주춤하게 앉는 '투명 의자 자세'를 취한 후, 아이가 당신의 양손을 잡고 허벅지 위로 올라와 서게 한다. 그 상태에서 한쪽 손을 놓고 아이가 몸을 뒤로 눕혀 절벽에 매달린 모습을 연출하게 한다. 서로 신호를 주면 잡은 손을 맞바꾸어 잡는다.

처음 이 놀이를 할 때는 스포터의 도움을 받는 것이 좋다.

한쪽 손을 놓아
매달린 모습을 연출한다.

## 탈출 의자

- **적정 연령** ▶ 만 5세 이상
- **난이도** ▶ 중
- **주요 기술** ▶ 모험심 자극, 노하우

발명가 에드워드 칼스롭Edward Calthrop이 1916년에 처음으로 사출 좌석(항공기에서 사고가 났을 때 조종사를 비행기에서 탈출시키기 위해 만든 안전장치-옮긴이)에 대한 특허를 받았다. 거기서 영감을 얻은 놀이다.

탈출 의자는 추락하는 전투기에서 탈출하는 놀이로, 당신과 아이가 번갈아 가며 한다. 이 놀이는 바닥이 넓고 평평하며 천장이 높은(2.5~3미터) 방에서 해야 하며, 침대가 필요하다. 먼저 한 사람이 침대에 올라가 반복해서 펄쩍펄쩍 뛰며 탄력을 키운다. 나머지 한 명은 입으로 전투기 엔진 소리를 내고 총으로 쏘는 시늉을 하면서 긴박한 상황을 조성한다. 침대 위의 사람은 한껏 높이 뛰어올랐다가 침대의 가장자리에 엉덩이로 떨어져 한 번 튕겨 오른 후, 앞으로 최대한 많이 나가도록 침대에서 뛰어내린다. 더 멀리 뛰어내린 사람이 승자다.

멀리 뛰어내리는 요령은 침대에 엉덩이로 떨어질 때 두 손으로 침대를 짚고 몸을 최대한 앞으로 밀어주는 것이다. 적군을 향해 주먹을 흔들며 실감 나는 연기도 펼쳐보자.

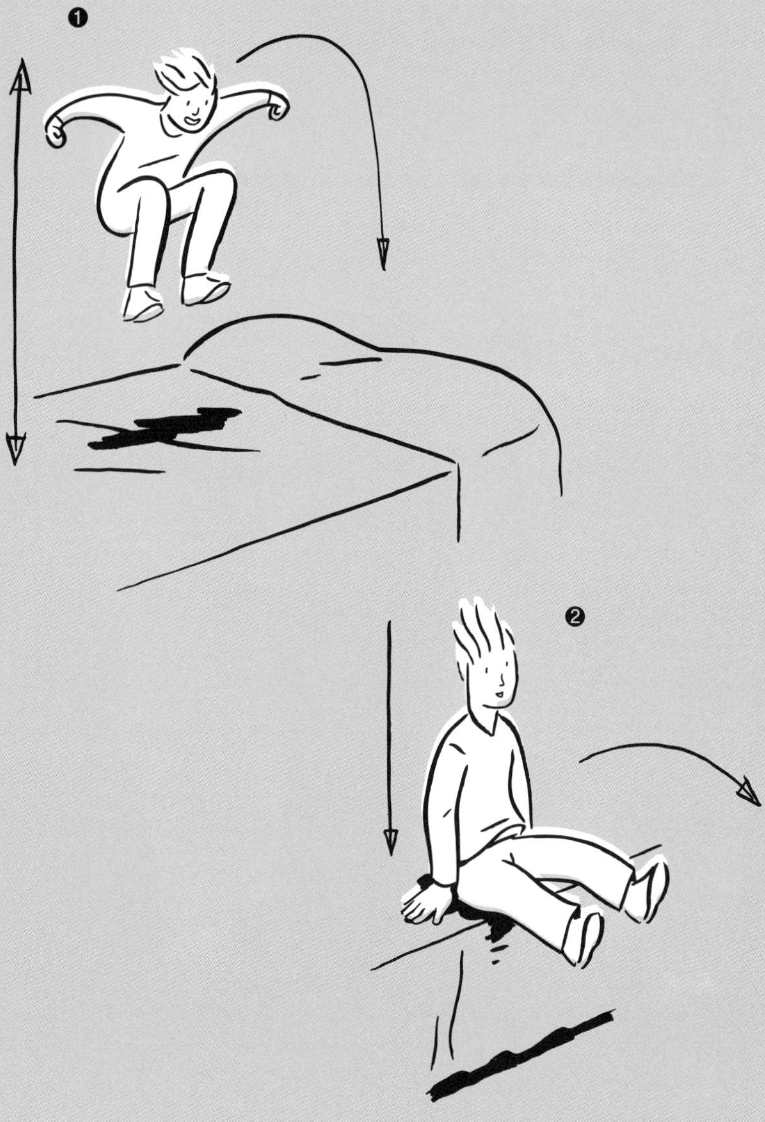


두 손으로 침대를 짚고 몸을 최대한 앞으로 밀어준다.

# 단체 물풍선 싸움

- 적정 연령 ▶ 5세 이상
- 난이도 ▶ 중
- 주요 기술 ▶ 승패

평범한 물풍선 놀이를 더 신나게 만들 수 있는 두 가지 방법이 있다. 첫째는 많은 인원을 동원하는 것이다(10~15명). 어린아이들은 부모와 동행할 수 있도록 계획을 짜고, 나이가 많은 아이들은 스스로 인원을 모아 오게 한다. 둘째는 물풍선을 최대한 많이 준비하는 것이다.

물풍선 놀이가 시들해지는 시점은 주로 아이들의 에너지가 소진되기 전에 탄약이 먼저 소진될 때다. 바로 던질 수 있게 물을 담아둔 물풍선을 300개 정도 준비하면 좋다. 그 정도면 15명이 한 시간 정도 신나게 놀 수 있다. 놀이를 더 재미있게 만들고 싶다면 플라스틱 깔때기와 굵은 고무 밧줄을 이용해 물풍선 발사기를 만들어도 좋다. 팀마다 양동이 등을 활용해서 말을 만들고, 상대편의 말을 무너뜨리는 시합을 해도 재미있다.

겨울에는 물풍선 대신 눈을 뭉쳐 눈싸움으로 놀이를 진행해도 재미있다.

물풍선 놀이를 신나게 만들려면
물풍선 탄약을 많이 준비한다.

note | 물풍선으로 사람의 머리를 맞히는 것은 금지한다.

# 창 시합

- **적정 연령** ▶ 만 4세 이상
- **난이도** ▶ 중
- **주요 기술** ▶ 규칙

기록에 따르면 최초의 마상 창 경기는 1066년에 실시됐다. 말을 탄 기사의 목표는 상대방을 말에서 떨어뜨리는 것이다. 이 놀이도 마찬가지다(다만 말이 없을 뿐이다).

먼저 길이가 2미터 정도 되는 나무 보드와 창으로 사용할 두 개의 막대 튜브를 준비한다. 상대방을 향해 격식을 갖춰 결투를 신청한다. 바닥에 나무 보드를 놓고 올라가 서로 맞은편 끝에 선다. 상대방이 보드 아래로 떨어질 때까지 튜브로 서로 찌른다.

이 놀이를 재미있게 변형한 놀이도 있다. 튜브를 하나만 사용해 양쪽에서 둘이 잡는 방법이다. 각자 자기 물건을 하나씩 정해 나무 보드 옆에 둔다. 서로 한 손으로는 튜브를 잡고 나머지 손으로는 상대방의 물건을 빼앗으려 한다. 이때 나무 보드에서 떨어지면 탈락이다. 아이가 똑똑하다면 자신이 잡은 튜브를 갑자기 놓으면 상대방이 넘어진다는 사실을 발견할 것이다. 아이가 이 요령을 알아내면 한 번 당해준 다음 이를 금지하는 칙령을 선포한다.

상대방이 보드 아래로 떨어질 때까지
서로 찌른다.

note | 머리를 공격하는 것은 금지한다.

# 카우보이

- 적정 연령 ▶ 만 7~12세
- 난이도 ▶ 상
- 주요 기술 ▶ 노하우

카우보이라는 영어 단어는 1700년대에 처음 등장했는데, 말을 타고 소를 관리하는 사람을 일컫는 스페인어 바케어로Vaquero에서 파생됐다. 이 놀이에서 당신과 아이는 각각 카우보이와 소의 역할을 하게 된다.

먼저 굵기 4센티미터, 길이 2~3미터 정도 되는 밧줄과 목이 긴 운동용 양말, 실내용 소프트볼을 준비한다. 양말에 공을 넣은 후 밧줄에 매달아 올가미를 만든다. 카우보이가 밧줄을 휘두르다가 소의 뒷다리에 던져 올가미로 감는 것이 목적이다. 일단 발에 올가미가 걸리면 소는 굴복하고 밧줄이 다리에 감기도록 해야 한다. 밧줄로 목을 감아서는 안 되며, 올가미는 발목을 향해서만 던지도록 한다.

여러 명이 함께 할 수 있는 버전으로는 카우보이의 역할을 맡은 어른들을 가운데 두고 여러 명의 소가 빙 둘러싸는 것이다. 카우보이는 올가미 밧줄이 땅에 닿지 않게 큰 원을 그리며 돌리고, 소들은 밧줄에 다리가 걸리지 않게 폴짝 뛰어넘는다. 타이밍을 놓쳐 발이 올가미에 걸린 소가 나타나면 카우보이는 밧줄로 소의 몸을 감는다.

밧줄로 목을 감아서는 안 되며,
올가미는 발목을 향해서만 던진다.

## 시합 놀이의 실전 체험담

100여 년 전, 스위스의 위대한 심리학자 장 피아제Jean Piaget는 아이들의 놀이를 연구했다. 그는 아마도 놀이를 진지한 연구 주제로 삼은 최초의 과학자였을 것이다. 그는 아이들이 시합 놀이를 통해 공정성과 도덕성을 배우고, 자신이나 친구가 부당한 일을 당했을 때 당당하게 대응하는 법을 터득한다는 사실을 발견했다. 피아제는 아이들이 시합 놀이를 하며 규칙에 대해 서로 논쟁하는 것이 놀이에서 얻을 수 있는 가장 유익한 경험 중 하나라고 생각했다. 만약 그가 오늘날 어른들이 구조화한 놀이, 그리고 어른이 아이들의 놀이에 개입하여 심판 노릇을 하는 모습을 본다면 못마땅해 혀를 끌끌 찰 것이다.

피아제의 생각은 그럴지 몰라도, 대부분의 부모는 아이들이 규칙을 놓고 끝없이 논쟁하는 것을 질색한다. 우리와 마찬가지로 당신도 아이에게 "도대체 언제까지 규칙 가지고 말싸움만 할 거니? 이러다 해 떨어지겠다!"라고 소리친 적이 있을 것이다.

하루는 로렌스의 딸 에마가 친구 가비와 술래잡기를 하겠다고 했다. 그런데 시간이 한참 지났는데도 술래잡기가 시작되지 않았다. 아이들은 술래잡기를 하겠다고 하고는 정작 놀이는 하지 않고 어떤 방식으로 할 것인지를 놓고 계속해서 논쟁만 하고 있었다. 로렌스가 이제 그만 싸우고 놀이를 시작하라고 열 번 정도 애원했을 무렵, 가비의 아빠가 끼어들었다.

"저, 로렌스, 내 생각엔 저렇게 논쟁하는 게 애들이 진짜 하고 싶은 놀이인 것 같아."

아동심리학자인 로렌스도 놓친 부분을 가비의 아빠는 정확히 간파하고 있었다.

아이들은 어떤 신체 놀이보다 시합 놀이를 할 때 가장 많이 긴장한다. 규칙과 그것을 지키는 방식에 대해 긴장하는 아이들도 있다(대부분은 어른이 지나치게 개입하는 것이 원인이다). 이런 긴장감을 푸는 데 가장 좋은 방법은 아이들이 마음껏 깰 수 있는 바보 같은 규칙을 많이 만드는 것이다. 그렇게 해도 아이들은 중요한 규칙은 잘 지킨다. 이 방법을 사용하면 아이들이 거친 신체 놀이를 하며 긴장감을 해소하기 때문에, 진짜로 지켜야 하는 합리적인 규칙은 더 잘 지키게 된다.

규칙에 대한 긴장감을 풀기 위해 우리가 자주 활용하는 놀이는 '시끌벅적 베개 싸움(106쪽)' 등이다.

"좋아, 이제부터 베개 싸움을 시작한다. 규칙은 딱 하나밖에 없어. 절대로 내 머리는 때리지 말 것! 난 진지해, 알겠지?"

이렇게 말하며 놀이를 시작해보자. 물론 이 말을 할 때 당신의 목소리와 표정은 심각하면서도 무척 장난스러워야 한다(앞서 살펴봤던 히말라야 원숭이의 '놀이 표정'이나 강아지와 늑대의 '플레이 바우' 자세를 기억하라). 목적은 아이가 장난스럽게 규칙을 깨고 당신의 머리를 베개로 때리게 하는 것이다. 그러면 당신은 화난 척하며 아이를 쫓아다니면 된다. 아이를 붙잡기 직전에 일부러 우스꽝스럽게 넘어지며 이렇게 외쳐 보자.

"새로운 규칙이다! 내가 넘어졌을 때는 절대 때리지 말 것!"

아이가 베개를 들고 당신에게 달려들 때, 당신은 아이와 더 친밀해질 뿐 아니라 아이의 자신감도 키워주게 된다. 아이는 웃고 즐기며 규칙에 대한 긴장감을 해소하고, 놀이를 통해 윤리와 도덕을 배운다. 이런 아이는 사회적인 규칙도 더 잘 지킨다. 모두가 서로에 대한 예의를 지킬 때 놀이가 원활하게 진행된다는 것을 배우기 때문이다.

규칙에 대한 아이들의 긴장감을 풀기 위해 '전차 경주(108쪽)' 등도 활용할 수 있다. 직접 만든 콜로세움 경기장에서 서로를 밀어 넘어뜨리며 새로운 규칙을 함께 만들어보자. 이기고 싶다는 열망에 가득 찬 아이는 자신에게 유리한 규칙을 만들고 싶어 할 것이다. 아빠만 양쪽 신발을 서로 묶고 뛰어야 한다거나, 아빠는 넘어지면 10초 동안 움직이지 못한다는 식이다.

그럴 때 당신이 할 일은 입으로는 큰 소리로(그러나 장난스럽게) 이의를 제기하면서도 아이의 규칙을 따르는 것이다. "그건 공평하지 못해!"라고 얼마든지 외쳐도 좋다. 그러나 앞서 배웠듯, 아이와 놀이를 할 때는 자신의 힘을 절제해야 한다는 사실을 기억하며 아이가 만든 규칙을 기꺼이 따르자.

유아기가 지났는데도 승패에 대한 집착을 버리지 못하는 아이도 있다. 데이먼이 그런 아이 중 한 명이었다. 그는 스포츠를 너무나 좋아했지만 지는 것을 견디지 못하는 성격 때문에 스포츠 경기를 할 수가 없었다. 우리는 데이먼을 위해 '이기기 지기' 놀이를 만들었다.

놀이의 원리는 간단하다. 먼저 당신이 "우리 '이기기 지기' 놀이 한번 해볼까?"라고 말한다. 그러면 아이는 그게 대체 무슨 놀이냐고 물을 것이다. "네가 이기고 지는 데 어려움을 겪고 있기 때문에 너를 돕기 위해 만든 놀이야"라고 설명해준다. 우리는 이 과정을 '문제를 경기장으로 가져오기'라고 부른다.

그런 후 아이에게 이 놀이를 어떻게 하면 좋을지 아이디어가 있냐고 묻고, 만약 아이에게 별다른 아이디어가 없다면 당신이 아이디어를 내면 된다.

우리는 '동전 던지기'를 자주 활용하는데, 공중에 동전을 던지고 각자 "앞면!" 또는 "뒷면!"이라고 외친다. 맞힌 사람은 승리의 춤을 추며 환호하고, 틀린 사람은 마음껏 성질을 내며 투덜거린다("그건 반칙이야! 불공평해!"). 놀이는 이것이 전부지만 모두가 즐겁게 낄낄대며 웃을 수 있다.

아이가 재미있어하는 한 이 놀이는 얼마든지 반복해도 좋다. 이런 놀이를 한다고 해서 아이가 스포츠맨십을 제대로 배우지 못하는 것은 아니다. 오히려 웃음을 통해 승패에 대한 긴장을 풀고 나면, 실전에서 졌을 때 자신의 감정을 잘 통제할 수 있을 뿐 아니라 이겼을 때도 더 겸손해질 수 있다.

유독 경쟁심이 강한 아이들을 다루는 또 하나의 요령은 서로 경쟁하면서도 팀워크를 구축할 수 있는 놀이를 하는 것이다. 친구나 형제자매와 짝을 지어 당신을 매트 위에 꼼짝 못 하게 누르게 하는 놀이도 좋다. 혼자일 때보다 팀을 이뤘을 때 자신이 얼마나 더 강해질 수 있는지 경험해보게 하는 것이다.

그 외에 '기품상', '착한 선수상', '노력상', '스포츠맨십상' 등을 준비해서 승패에 집중된 감정을 누그러뜨려 주는 것도 좋다.

어떤 아이들은 시합하는 데 필요한 기본 기술을 익히는 것을 부담스러워하기도 한다. 1년 내내 놀이를 할 때마다 "나는 유치원생이니까 많이 봐줘야 해!"라고 외치는 아이도 본 적이 있다. 그러나 그 아이도 천천히 자신감을 키울 기회를 많이 만들어주자 더는 긴장하지 않았다.

한 번이라도 좌절이나 굴욕을 겪으면 바로 포기해버리는 아이도 있다. 그런 아이는 던지기, 잡기, 발로 차기, 균형 잡기, 달리기와 같은 기본 기술을 배울 기회를 영영 잃게 된다. 부모의 노력을 통해 이런 상황을 얼마든지 개선할 수 있다.

첫째는 아이의 감정에 충분히 공감해주는 것이다.

"그래, 언니 오빠들처럼 하지 못하면 정말 답답하지? 게다가 놀림까지 당하면 정말 기분이 상할 거야."

공감은 아이에게 그것을 '극복'하라고 다그치는 것이나, 기대치에 못 미친다는 이유로 비난하는 것보다 훨씬 효과적이다.

둘째는 아이에게 당신도 공을 놓치고, 넘어지고, 발을 헛디뎌 허우적거리는 모습을 보여주며 웃게 만드는 것이다. 그러면 아이는 자신만 무능하다고 느끼지 않게 된다. 당신이 넘어져 허우적거릴 때 아이가 아무리 무자비하게 놀리더라도 결코 화를 내서는 안 된다. 아이는 자신이 놀림을 당했을 때(또는 놀림을 당할까 봐 두려울 때) 느끼는 굴욕감을 당신에게 표현하는 것이다. 당신이 할 일은 놀림을 당당하게 받아들이는 모습을 보여주는 것이다.

"내가 좀 넘어졌다고 그렇게 놀리기야? 어이쿠 이런, 또 넘어졌네!"

굴욕적인 상황도 놀이로 만들면 누구에게도 상처가 되지 않는 방식으로 부정적인 감정을 사라지게 할 수 있다.

셋째는 놀이를 최대한 에너지 넘치고 재미있게 만들어서 시큰둥하던 아이도 즐거운 마음으로 놀이에 필요한 기술을 배우도록 유도하는 것이다. 아이가 특별히 반복 학습을 좋아하는 성향이 아니라면 무조건 반복하게 하는 훈련 방식은 피한다. 그보다는 아이가 무언가를 시도할 때마다 신체 접촉(포옹이나 하이파이브 등)하기, 베개 싸움을 하며 던지기와 잡기를 연습하게 하기, '절벽 타기(110쪽)'를 하며 균형감을 익히게 하기 등의 방법으로 기본적인 놀이 기술을 배우게 하는 것이 좋다.

여럿이서 그룹 놀이를 할 때 아이는 친구들이 자신을 끼워주지 않을까 봐 긴장하기도 한다. 이럴 때 어른은 아무도 배제되지 않는 분위기를 만드는 데 중요한 역할을 할 수 있다. 아이들이 스스로 규칙을 만들고 규칙에 대해 논쟁하는 것은 놔두어도 좋으나, 한 명도 빠짐없이 놀이에 참여해야 한다는 점만은 분명히 해주어야 한다. 특히 몸집이 작은 아이, 운동 신경이 둔한 아이, 장애가 있는 아이 또는 새로 이사 온 아이처럼 무리에서 배제되기 쉬운 아이들이 따돌림당하지 않도록 신경 써야 한다. 당신이 직접 나서서 놀이를 진두지휘할 필요는 없다. 다만 활짝 웃으며 "모두 다 차례를 지켜서 한 번씩 하는 거야"라고 말하거나, "피터는 이 놀이를 많이 안 해봤으니 내가 좀 도와줘야지", "나타샤는 공을 맞힐 때까지 계속해보게 해주자"라고 말하면 된다.

시합 놀이를 할 때 아이가 긴장감을 느끼는 또 다른 이유는 다치거나 나약한 모습을 보일까 봐 두렵기 때문이다. 로렌스는 닐스라는 이름의 일곱 살짜리 소년을 위해 '지명 비명꾼'이라는 놀이를 만들었다. 아이가 다쳤을 때 아무렇지 않은 척하는 대신 적절하게 감정 표현을 할 수 있도록 만든 놀이다.

하루는 농구를 하다가 닐스가 무릎을 세게 부딪혔다. 그런데도 닐스는 벌떡 일어나 경기를 계속했다. 무릎이 많이 아플 게 뻔한데도 전혀 아프지 않다며 경기를 계속하겠다고 고집을 피웠다. 아무리 설득해도 아이가 쉬려고 하지 않자, 로렌스는 자리에서 벌떡 일어나 펄쩍펄쩍 뛰면서 이렇게 외치기 시작했다.

"아이고 다리야! 아이고 다리야!"

닐스가 왜 그러냐고 묻자 로렌스는 울고 웃으며 자신이 '지명 비명꾼'이라고 설명했다. 야구 경기를 할 때 투수가 지명 타자를 두는 것처럼, 지명 비명꾼이 닐스 대신 비명을 질러주는 것이라고 알려주었다. 그러자 레드삭스 팬인 닐스는 무슨 말인지 즉각 알아들었다. 아이는 한 발로 우스꽝스럽게 펄쩍펄쩍 뛰는 로렌스를 보고 웃음을 터뜨리고는, 잠시 쉬겠다고 말했다.

그것은 큰 성과였다. 로렌스가 놀리기는커녕 오히려 더 호들갑스럽게 고통을 표현하는 모습을 보며 닐스는 자신이 바보처럼 보이는 것(또는 남자아이들이 세상에서 제일 두려워하는 '계집애처럼 보이는 것')에 대한 두려움을 극복할 수 있었다. 청소년 선수부터 프로 선수에 이르기까지 부상을 입은 채로 경기를 계속하는 모습을 자주 볼 수 있지만, 그것은 결코 남자다운 것이 아니다. 그냥 바보 같은 짓일 뿐이다. 부상에 주의를 기울이고 조심하는 것은 나약한 것이 아니라 똑똑한 것이다.

다른 놀이와 마찬가지로 시합 놀이도 얼마든지 즉흥적으로 변형할 수 있다. 야구 중 아이를 태그할 때나 농구 중 아이가 득점할 때마다 아이를 꼭 안아주거나 장난스럽게 몸싸움을 걸면서 평범한 공놀이에도 거친 신체 놀이를 자연스럽게 접목할 수 있다. 심지어는 슈츠 앤 레더스Chutes and Ladders(미끄럼틀과 사다리가 그려져 있는 판 위에서 하는 보드게임-옮긴이) 같은 실내 보드게임도 거친 신체 놀이로 바꿀 수 있다. 소파에 큰 쿠션을 걸쳐두었다가 보드게임 중 미끄럼틀에 걸릴 때마다 쿠션을 타고 미끄러지게 하는 것이다.

시합 놀이에 모험 요소를 가미하여 변형해도 좋다. 예를 들어 '창 시합(116쪽)' 놀이를 할 때, 나무 보드 밑에 벽돌을 쌓아 높이만 조절해주어도 놀이를 훨씬 더 흥미진진하게 만들 수 있다.

우리는 브랜든의 이야기를 마지막으로 이 장을 마무리하려 한다. 브랜든은 세 아들을 데리고 매달 스포츠 경기를 관람하러 다녔다. 티켓 구입에만 엄청나게 많은 돈을 썼는데도, 그런 외출은 언제나 비극으로 끝났다. 아이들은 지루해하거나 서로 싸우거나 기념품을 사달라고 조르거나 자기 마음대로 하겠다고 고집을 부렸다. 그럴 때마다 브랜든은 호통을 치며 앞으로는 절대 데리고 다니지 않겠다고 윽박질렀다. 하지만 아이들은 어깨만 으쓱해 보일 뿐이었다. 그런 반응이 브랜든의 화를 더욱 돋우기도 했다.

보다 못한 그의 아내가 다음번에는 티켓을 사기 전에 아이들에게 무엇을 하고 싶은지 먼저 물어보자고 했다. 브랜든은 다 쓸데없는 짓이라고 생각했지만 속는 셈 치고 아내의 말대로 해봤다.

아이들에게 의견을 물어보자, 세 아이는 아빠와 하고 싶은 것이 각각 달랐다. 첫째 아들은 벤치에 앉아 경기를 관람하는 것보다는 공원에 가서 직접 공놀이를 하길 원했다. 막내아들은 스포츠 관람에는 관심이 없었지만, 아빠와의 거친 신체 놀이는 하고 싶어 했다. 브랜든 부부는 막내아들이 함께 '시끌벅적 베개 싸움(106쪽)'을 하거나 침대 위에서 뛰며 놀 때 가장 즐거워한다는 사실을 발견했다. 브랜든의 예상을 깨고 아빠와 스포츠 경기에 가고 싶어 하는 아들도 있었다. 바로 둘째였다. 다만 밉살맞은 형이랑 동생과 함께 가고 싶지 않았을 뿐이다.

이제 그 가족은 때로는 다 함께 스포츠 경기를 보러 가고, 때로는 인간 탑 쌓기를 하며 시간을 보낸다. 때로는 공원에 가서 다른 아이들과 어울려 공놀이를 하기도 한다. 브랜든은 아들들과 일대일로 시간을 보내면서 진심으로 즐거움을 느낀다. '아빠와의 시간'을 위해 아들들을 억지로 스포츠 경기장에 끌고 다니던 과거와는 사뭇 다른 모습이다.

5장

# 신체 접촉 놀이

“레슬링을 하고 나면 인생의 모든 것이 쉽게 느껴진다.”

_댄 게이블Dan Gable, 레슬러

아침이 그날을 보여주듯,
어린 시절이 그 사람을 보여준다.
- 존 밀턴 John Milton

떠들썩한 레슬링에서부터 몸을 구르고 공중제비를 도는 놀이에 이르기까지, 신체 접촉은 거친 신체 놀이의 핵심이자 인생에서 만날 수 있는 모든 경험의 근간이다. 우리는 사회적 존재이기 때문에 다른 사람과 접촉하며 살아가야 한다. 운이 좋으면 우리는 외롭게 고립되지 않고 다른 사람들과 가깝고 따듯하며 사랑이 넘치는 관계 속에 살게 된다. 건강한 신체 접촉은 어떤 문화권에서도 타인과의 소통과 연결을 보여주는 가장 기본적인 방법이다. 아이가 만 2~3세가 되면 말로 사랑을 표현해줄 수도 있지만, 그것이 신체 접촉의 힘을 대체할 수는 없다. 신체 접촉만큼 우리가 함께하고 있음을 명확하고 효과적으로 보여줄 수 있는 수단은 없기 때문이다.

우리 삶에 큰 영향을 미치는 신체 접촉에는 두 가지 유형이 있다. 하나는 아이를 재우기 위해 천천히 흔들어주는 것 같은 '부드러운 접촉'이고, 다른 하나는 아이를 품에 꼭 끌어안고 함께 언덕을 굴러 내려오는 것 같은 '장난스러운 접촉'이다. 두 가지 모두 우리의 촉감 신경을 활성화한다. 또한 즐거움, 만족감, 기쁨을 느끼는 뇌 회로를 작동시켜 건강한 접촉과 긍정적인 감정 사이에 평생 지속될 연결고리를 만들어준다.

긍정적인 신체 접촉은 '포옹 호르몬'으로도 불리는 옥시토신을 분비시켜 우리가 즉각적으로 안전함과 유대감을 느낄 수 있게 한다. 그래서 우리는 모든 신체 놀이의 시작과 끝을 포옹과 하이파이브로 채울 것을 권장한다.

우리가 서로 진정 어린 신체 접촉을 나눌 때 두뇌에 분비되는 호르몬은 충만함, 즐거움, 행복감을 느끼게 해줄 뿐 아니라 우리를 치유해주기도 한다. 건강한 신체 접촉은 우리를 진정시키고, 위로하며, 활력 있게 하고, 치료도 해준다. 최근에는 부부간의 애정 어린 신체 접촉이 심혈관 건강에 미치는 긍정적인 영향에 대한 연구도 진행되고 있는데, 서로 신체 접촉을 많이 할수록 동맥이 더 깨끗해진다는 가설을 바탕으로 한다. 애정 어린 포옹은 마치 복리로 돈을 굴리는 것처럼 쌓이고 쌓이면서 더 큰 행복을 가져다준다. 행복하면 스트레스가 줄어들고, 혈관과 심장이 더 건강해질 뿐 아니라 인간관계도 좋아진다.

지난 20년간 우리 사회에서는 아동 학대 예방을 목적으로 아이들에게 좋은 신체 접촉과 나쁜 신체 접촉의 차이에 대한 교육을 해왔다. 우리는 이런 노력에 박수를 보내지만, 한편으론 좋은 접촉에 대한 가치는 과소평가되고 나쁜 접촉에 대한 교육만 지나치게 부각된 면이 있다고 생각한다. 앞서 언급했듯이, 학교 폭력 예방을 위하여 모든 신체 접촉을 금지한 학교도 있을 정도다. 이번에는 방과후 교사인 존의 이야기를 해보려 한다.

존이 유치원 아이들을 가르치던 시절, 학기 중간에 전학 온 아이가 있었다. 친구를 빨리 사귀고 싶었던 그 아이가 취한 전략은 가까이 오는 모든 아이에게 뽀뽀를 하는 것이었다. 그런 행동을 좋아하는 아이도 있었지만 대부분은 질색했고, 특히 선생님들은 그런 행동을 보고만 있을 수 없었다. 존은 그 아이에게 친구를 사귈 다른 방법이 필요하다는 것을 깨닫고, 아이에게 하이파이브를 가르쳐주었다. 아이는 새로 배운 기술을 시험해보려 달려가다가 처음 마주친 친구에게 "하이파이브!"라고 외치며 손을 내밀었다. 효과가 아주 좋았다.

폭력이나 애정 표현이 지나쳐서 문제인 경우, 모든 신체 접촉을 금지한다고 해서 문제가 해결되는 건 아니다. 오히려 해결책은 상호 즐거움을 조건으로 한 더 많은 긍정적인 신체 접촉이다. 이는 선정성과 폭력성이 강조된 신체 접촉만 끊임없이 내보내는 대중매체에 대한 방어 수단이기도 하다. 건강한 신체 놀이는 신체 접촉에 대하여 대중매체와는 다른 메시지를 전달한다. 이 세상에 사람과 사람을 친밀하게 연결해주는 다양한 종류의 신체 접촉이 존재한다는 사실을 알려주기 때문이다. 건강한 신체 접촉은 선정성이나 폭력이 아닌 우정, 동료애, 돌봄, 즐거움에 관한 것이다.

산타바버라 대학원 교수 에드먼드 나이턴Edmund Knighton은 가정과 학교에 레슬링을 응용한 신체 놀이를 도입하기 위해 많은 노력을 기울이고 있다. 그는 레슬링이 신체 및 정서 발달에 너무나 좋다고 생각하여 만 2~3세의 어린아이들을 포함한 유아기 아이들에게까지 레슬링을 권장한다. 힘, 우아함, 인내, 즐거움에 이르기까지 레슬링이 아이들에게 미치는 좋은 영향이 많다는 것이다. 하지만 그가 이런 점을 아무리 열심히 설명해도, 어린아이들이 레슬링 같은 고강도 신체 운동을 하는 것에 대해 걱정하는 어른들의 반대에 번번이 부딪히곤 했다.

이런 저항을 극복하기 위하여 나이턴은 아주 탁월한 방법을 생각해냈는데, 바로 부모와 교사들에게 먼저 레슬링을 가르치는 것이었다. 그는 어른들을 상대로 가볍고 협조적인 동작부터 시작해서 일련의 단계(2장에서 설명한 준비 동작과 비슷한)를 거쳐 본격적으로 레슬링을 하는 단계까지 나아가도록 가르쳤다. 그는 레슬링이 폭력적이지 않다는 것을 이해시키려면 직접 해보게 하는 게 제일 좋다고 말한다.

"아이들도 이런 방식으로 레슬링을 배우면 행복한 피로감을 느끼며 자기 신체의 움직임에 대한 섬세한 감각을 가지게 됩니다. 레슬링이 실제로는 두 사람이 함께 호흡을 맞추는 춤에 가깝다는 것을 알게 되는 거지요. 레슬링은 겉으로는 경쟁 스포츠 같지만, 실제로는 상대방과 호흡을 맞추고 그에 따라 자신의 힘을 조절하는 것과 더 큰 관련이 있습니다. 레슬링은 관계를 무너뜨리는 것이 아니라 더 돈독하게 해줍니다."

대중매체는 물론이고 현실에서도 쉽게 목격할 수 있는 극심한 폭력 때문에 우리는 레슬링에 대해 많은 오해를 하고 있다. 고강도 접촉을 동반한 신체 놀이가 언뜻 폭력적인 몸싸움과 비슷해 보이기 때문이다. 그러나 레슬링 놀이를 하는 사람의 표정을 자세히 살펴보면 그 차이점을 대번에 알 수 있다. 행위는 몸싸움과 비슷해 보일지 몰라도 레슬링을 할 때의 표정은 고통, 공포, 분노의 표정과는 전혀 다르다. 폭력은 분열을 일으키지만 신체 놀이는 더 깊은 유대감을 형성한다.

싸움 놀이는 마치 춤을 추는 것처럼 서로 호흡을 맞추어야 한다는 점에서 매우 사회적인 활동이다. 연구에 따르면, 쥐가 싸움 놀이를 할 때 사회적 교류 감각을 다루는 뇌의 영역('사회적 뇌'라고도 한다)이 활성화되어 사회적 기술이 발달한다고 한다. 다른 쥐와 싸움 놀이를 하지 않는 쥐와 사회적 뇌에 손상을 입은 쥐는 다른 쥐와 놀거나 짝짓기를 하는 능력이 상실된다.

고강도 신체 접촉 놀이는 사람 사이의 유대감을 키워준다는 장점 외에도, 아이가 자신의 힘과 유연성을 시험해볼 수 있도록 기회를 제공한다. 힘과 유연성은 민첩성의 근간이다. 여기에는 신체적 민첩성뿐 아니라 정신적 민첩성도 포함된다. 경기장에서 자신의 신체적 민첩성을 뽐내고 박수를 받는 운동선수도 자신의 운동 실력이 실제로는 정신적 민첩성에 달려 있다는 사실을 잘 알고 있다. 펠레그리니에 따르면 싸움 놀이에 동반되는 짧고 굵은 신체 활동은 운동선수가 심혈관 건강을 극대화하기 위해 하는 인터벌 트레이닝 interval training(고강도 운동과 저강도 운동을 번갈아 하는 운동 방식-옮긴이)과 유사하다고 한다. 이런 활동들을 함으로써 우리는 전자기기를 들여다보며 살만 찌우는 대신 평생 건강한 몸을 유지할 수 있다.

건강한 신체는 아이의 자신감을 높여주어 아이가 친숙한 곳을 떠나 더 넓은 세상으로 나아갈 수 있게 한다. 자신의 몸을 편안하게 느끼는 아이는 충동을 잘 조절하며 동료와의 사회적 교류에서도 능력을 한껏 발휘한다.

## 신체 접촉 놀이의 주요 기술

**사전 연습** › 이 장에서 소개하는 놀이는 아이와 실제로 하기 전에 반드시 베개나 부드러운 물건을 사용하여 사전 연습을 해야 한다. 연습을 함으로써 실수와 사고를 예방할 수 있다. 공중제비가 포함된 어려운 동작은 반드시 스포터의 도움을 받아야 하며, 스포터도 사전 연습을 해야 한다는 사실을 잊지 말자.

**기초 체력** › 신체 접촉 놀이를 안전하게 하기 위해서는 최소한의 기초 체력이 필요하다. 보디빌더 수준의 체력을 갖춰야 하는 것은 아니지만, 놀이를 하지 않는 시간에 근력 운동을 해서 기초 체력을 다져놓자.

**저항력** › 아이가 당신의 품에서 빠져나오거나 당신을 넘어뜨리기 위해 적절한 힘을 사용하도록 알맞은 저항력을 유지해야 한다. 저항력이 지나치면 아이가 짜증을 내거나 포기하게 될 수 있고, 저항력이 너무 약하면 아이는 지루해하며 놀이를 그만둘 것이다. 처음에는 낮은 수준의 저항력으로 시작해서 점점 수위를 높여가는 것이 좋다.

**유연성** > 동작을 하기 전에 스트레칭하는 것을 잊지 말자. 당신의 몸이 충분히 유연하다고 생각하더라도(대부분의 사람은 유연하지 않다!) 사전에 스트레칭을 하거나 요가 동작을 배워두면 아이와 즐거운 신체 접촉 놀이를 하는 데 큰 도움이 될 것이다.

**강도 조절** > 더 작고, 약하고, 자신감이 없는 상대인 아이와 신체 놀이를 할 때는 강도 조절이 중요하다. 힘을 절제하고, 아이와 균형을 맞추는 것이 당신의 임무다. 아이가 점점 성장하여 자신감이 쌓이면 그때는 강도를 조금씩 높여도 좋다. 아이가 당신을 힘으로 누를 수 있는 정도까지 자라나면, 그때부터는 아이가 당신을 상대로 강도를 조절하게 될 것이다.

# 평범한 레슬링

- **적정 연령** ▸ 만 2세 이상
- **난이도** ▸ 하
- **주요 기술** ▸ 저항력, 강도 조절

표면적으로는 싸우는 것처럼 보이지만 레슬링의 핵심은 서로 간의 연결이다. 레슬링을 할 때 우리는 서로 끊임없이 교류하며 유동적으로 움직인다.

레슬링을 잘하는 비결은 어느 정도 힘이 비슷한 상대와 맞붙는 것이다. 키가 안 맞는다면 어른이 무릎을 꿇거나 엎드린 상태로 시작하는 것도 좋다. 함께 구르고, 맞잡고, 겨루면서 아이를 쓰러뜨리기도 하고 아이가 당신을 쓰러뜨리게도 한다. 레슬링 놀이는 자유 형식으로 해도 좋고 다음과 같은 특정 목표를 달성하는 방식으로 해도 좋다.

- 상대방의 어깨를 붙잡아 정해진 시간 동안 땅에 고정한다. 시간을 세는 동안 아이가 온 힘을 다해 당신을 붙잡도록 만든다.
- 상대를 지나 방의 반대편에 있는 결승점에 도달하는 것을 목표로 해본다.
- 사지를 벌리고 엎드리거나 누운 상대방을 몸으로 눌러 일어나지 못하게 한다.
- 둘둘 만 이불 네 개를 사각형으로 놓거나 약간 굵은 줄을 사각형으로 쳐서 링을 만들고, 링 밖으로 서로를 밀어낸다.

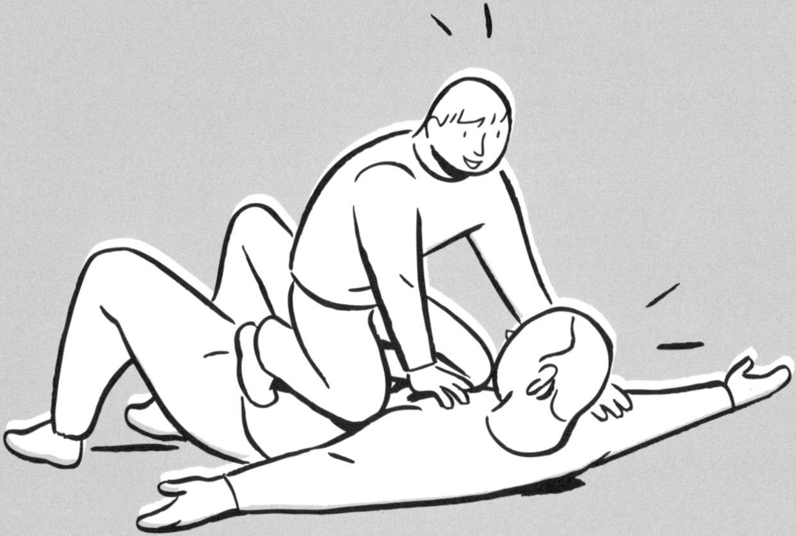

아이에게 맞춰 힘을 조절하고,
아이가 자랄수록 강도를 높인다.

note

움직임은 밀기, 당기기, 구르기로 제한한다. 들어 올리기, 때리기, 발로 차기, 보디 슬램(상대방을 들어 올려 등 너머로 내던지는 기술—옮긴이), 헤드록, 팔꿈치로 밀기 등은 금지한다.

# 학 동작

- **적정 연령** ▶ 만 2~5세
- **난이도** ▶ 하
- **주요 기술** ▶ 유연성

이 동작은 팔을 공중으로 들어 올리고 두 발을 교대로 올려 차는 소림 쿵후에서 영감을 받았다. 학 동작에 발차기가 포함된 것은 아니지만 준비 자세가 쿵후의 발차기와 비슷하다.

카펫 위나 잔디밭처럼 부드러운 바닥에 아이와 마주 보고 선다. 아이를 당신의 우세한 쪽 발 위에 앉게 한 후 아이의 두 손을 맞잡는다. 그대로 다리를 들어 올려 아이를 발사한다. 잡은 손은 놓지 말고 아이가 천천히 바닥으로 떨어질 수 있도록 돕는다. 아이를 발사한 후 당신의 발은 바로 바닥 위로 내려놓아 아이가 발 위로 떨어지지 않도록 한다.

아이가 높이 발사될 경우 착지할 때 아플 수 있으므로 이 동작은 딱딱한 바닥에서는 하지 않는다.

착지할 때 아플 수 있으므로
딱딱한 바닥에서는 하지 않는다.

## 스팀롤러

- **적정 연령** ▸ 6개월 이상
- **난이도** ▸ 하
- **주요 기술** ▸ 유연성

신체 접촉을 극대화한 놀이다. 등을 대고 누운 후 아이를 당신의 몸 위로 올려놓아 서로 배를 맞댄 채 당신의 두 팔로 껴안는다. 그 상태로 배와 배가 떨어지지 않도록 아이를 단단히 붙잡고 굴러, 등을 대고 누운 아이의 몸 위로 당신이 올라간다. 이때 아이가 눌리지 않도록 팔꿈치로 몸무게를 지탱한다. 이렇게 하면 함께 구를 때 속도를 일정하게 유지하는 데에도 도움이 된다.

한쪽 방향으로 세 번 구른 후, 방향을 바꾸어 세 번 구른다. 평평한 바닥에서 구르는 것에 익숙해지면 언덕으로 올라가서 함께 굴러 내려오는 것도 시도해본다.

아이가 18개월 미만일 경우 한 손으로 머리 뒤를 받쳐주고, 팔꿈치에 당신의 체중 전체를 실어 아이가 눌리지 않도록 한다.

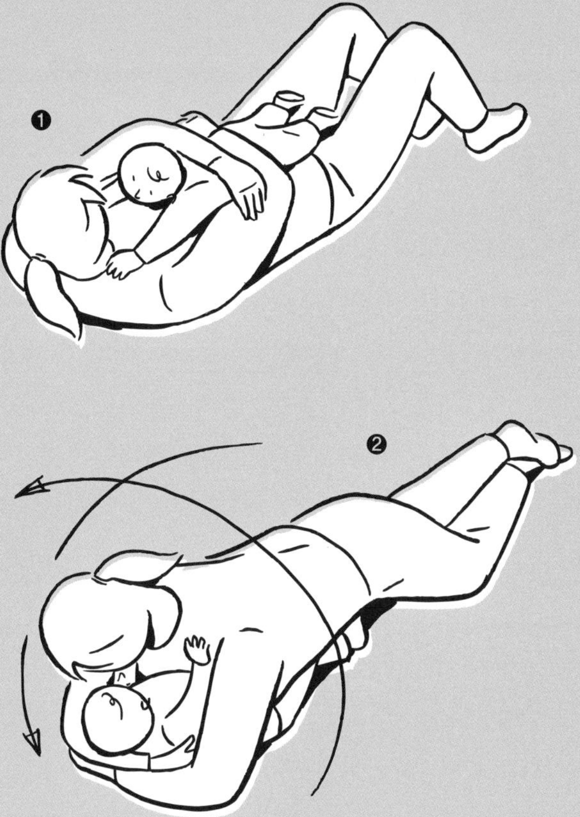


평평한 바닥에서 구르는 것이 익숙해지면,
언덕으로 올라가서 함께 굴러 내려오는 것도
시도해본다.

# 탈출 마술

- **적정 연령** ▶ 만 2~4세
- **난이도** ▶ 중
- **주요 기술** ▶ 기초 체력

전설적인 마술사 해리 후디니의 탈출 마술에서 영감을 받은 이 놀이는 특히 연령대가 낮은 아이들과 함께하기 좋다. 무거운 사슬로 나무에 묶인 후디니가 신기한 탈출 마술을 보여주는 모습을 상상해 보자.

바닥에 등을 대고 누워 다리를 모아 무릎을 굽힌 후 두 발이 땅에 닿게 한다. 아이를 당신의 발 위에 앉게 하고, 등은 당신의 정강이에 기대게 한다. 아이가 두 손으로 당신의 종아리를 붙잡게 하고, 조수(형제자매나 엄마 또는 친구)가 마스킹 테이프로 아이의 몸과 당신의 종아리를 느슨하게 감게 한다.

이제 용감한 탈출 마술을 보여줄 시간이다! 아이가 공중으로 들리도록 당신의 두 다리를 바닥에서 들어 올린다. 아이가 거의 물구나무선 자세가 되면 두 손으로 아이의 어깨/가슴을 붙잡고 "탈출해!"라고 외치며 아이를 당신의 머리 위로 들어 올려 뒤로 뒤집는다. 이렇게 하면 마스킹 테이프가 찢어지며 아이는 탈출하게 된다.

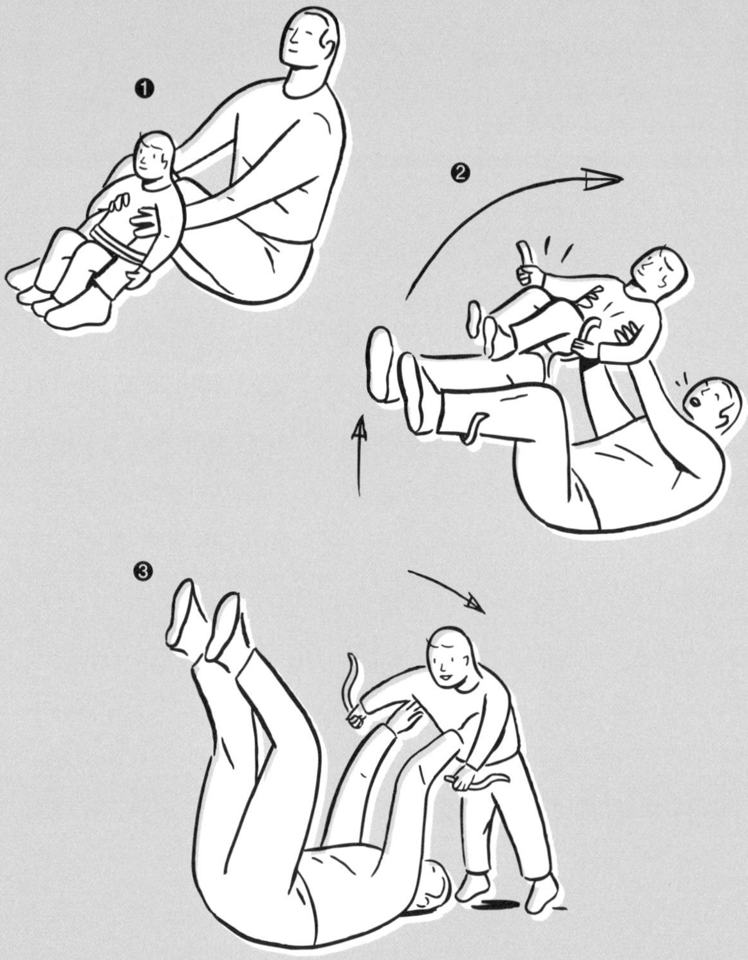


어린아이들은
자신이 신기한 탈출 마술을 선보이는 마술사라고
상상하는 것을 무척 좋아한다.

# K2

- **적정 연령** ▸ 만 2~7세
- **난이도** ▸ 중
- **주요 기술** ▸ 기초 체력

파키스탄 북부와 중국 신장 사이에 자리 잡은 K2는 세계에서 두 번째로 높은 산이다. 이 놀이에서는 당신이 K2 산맥이 되고, 아이는 용감하게 당신을 등정하는 모험가다. 등정은 세 단계로 이루어진다. 첫 번째 단계는 해수면(당신이 서 있는 바닥이나 매트), 두 번째 단계는 베이스캠프(몸을 반쯤 타고 올라온 상태, 보통은 엉덩이 부근), 세 번째 단계는 정상(당신의 어깨)이다.

아이와 마주 보고 서서 두 손을 맞잡는다. 아이가 당신의 다리부터 시작해서 각 단계를 거쳐 기어오르게 한다. 정상에 다다르면 여러 가지 방식으로 하산해보게 한다(예를 들어 '모래 절벽 하이킹(158쪽)' 처럼). 아이가 하산하다가 베이스캠프에 이르면, 공중 뒤돌기를 하여 해수면으로 착지하게 해도 좋다. 이때 당신이 약간 도와주어야 한다.

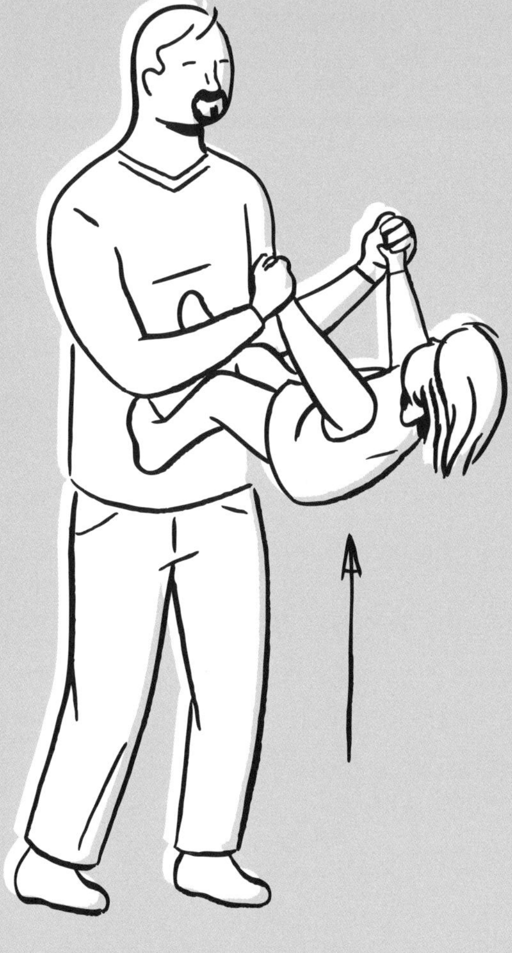

아이가 정상에 다다르면,
여러 가지 방식으로 하산해보게 한다.

## 닌자

- **적정 연령** ▸ 신생아~만 2세
- **난이도** ▸ 중
- **주요 기술** ▸ 사전 연습

아이를 당신의 어깨에 앉힌다. 아이의 겨드랑이 밑으로 손을 넣어 (이때 손을 뒤집어 엄지손가락이 앞을 향하게 하여 아이의 몸 뒤쪽을 감싼다) 당신의 머리 위로 들어 올려 빠르게 앞으로 뒤집어 땅으로 내려놓는다. 마치 닌자가 빌딩에서 공중제비를 돌아 내려오는 것처럼. 동작을 마칠 때까지 손으로 아이의 몸을 잡아주어야 한다.

만 2세 이상의 아이와 하는 경우에는 아이가 배로 당신의 등을 타고 미끄러지게 하는 변형 동작으로 시도해도 좋다. 당신의 어깨 위에 앉은 아이의 팔이나 겨드랑이를 잡아 들어 올린 후, 몸을 살짝 앞으로 숙여 아이가 천천히 당신의 등을 타고 내려오게 한다. 아이가 반쯤 내려올 때까지 잡아주고, 나머지는 스스로 미끄러져 내려오게 해도 좋다.

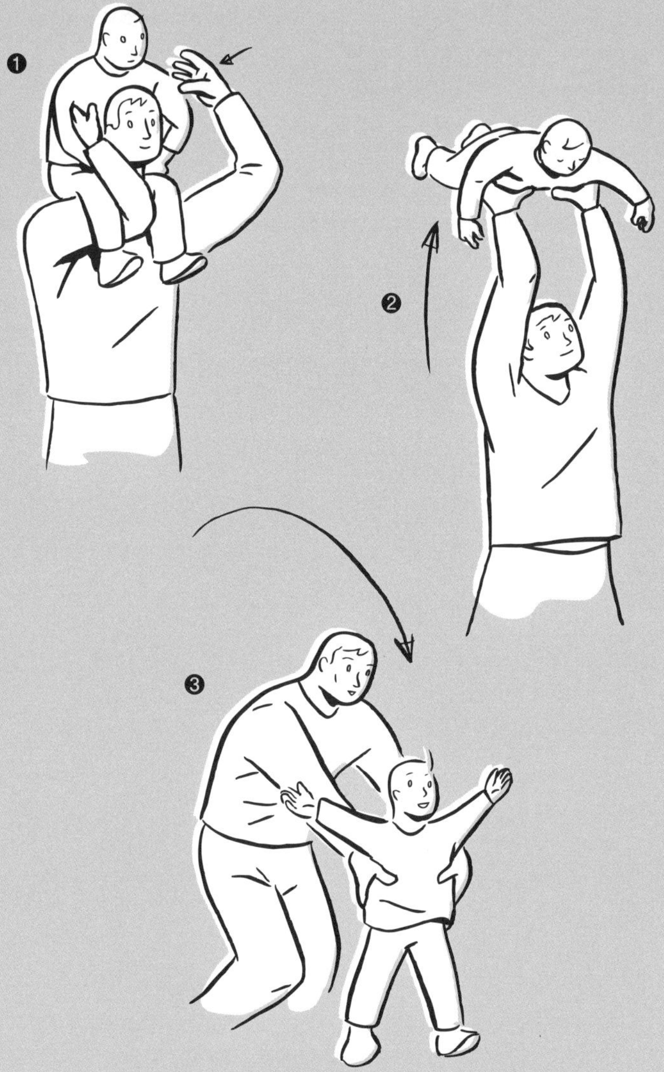


마치 닌자가 빌딩에서 공중제비를 돌아
내려오는 것처럼, 아이를 당신의 머리 위로 들어 올려
뒤집은 후 땅으로 내려놓는다.

## 레드 토네이도

- 적정 연령 ▸ 만 3~7세
- 난이도 ▸ 중
- 주요 기술 ▸ 사전 연습

강한 바람을 일으키고 앞으로 빠르게 전진할 수 있는 초능력을 가진, 만화 주인공 슈퍼히어로 레드 토네이도의 이름을 딴 놀이다.

아이의 등을 보고 60센티미터 정도 물러나 선다. 아이는 몸을 숙여 머리를 가슴 가까이로 하고, 두 다리 사이로 양손을 뺀다. 당신은 아이의 손이나 팔을 잡아 들어 올리면서 아이를 앞으로 뒤집는다. 아이가 레드 토네이도가 되어 바람을 몰아 공중제비 도는 모습을 연출하도록 돕는 것이다.

동작의 핵심은 아이를 들어 올림과 동시에 뒤집는 것이다. 그렇게 하지 않으면 아이가 바닥에 머리를 부딪힐 수 있다. 이 동작을 처음 시도할 때는 스포터가 아이의 다리를 잡아 뒤집는 과정을 돕는 것이 좋다. 아이의 머리 아래에 베개를 두어 혹시 모를 사고를 예방하는 것도 좋은 방법이다.

아이를 들어 올림과 동시에 뒤집는 것이 핵심이다.

# 스턴트맨

- **적정 연령** ▶ 만 7~12세
- **난이도** ▶ 중
- **주요 기술** ▶ 사전 연습, 저항력, 강도 조절

할리우드의 전설적인 스턴트맨 야키마 카누트Yakima Canutt에게서 영감을 받은 놀이다.

본래 미국의 로데오 선수였던 야키마는 스턴트맨이 된 후 후배들에게 스턴트 공연 기술을 가르쳤다. 또한 지속적으로 기술을 연마하면서 스턴트를 더욱 안전하게 수행할 수 있는 여러 가지 장치도 발명했다.

그는 영화 「역마차」로 유명한 영화배우 존 웨인John Wayne의 대역을 자주 맡았는데, 그 과정에서 둘은 아주 친한 친구가 됐다. 그들은 오늘날에도 널리 사용되고 있는 여러 가지 스턴트 기술을 함께 개발했다.

아이와 함께 스턴트맨처럼 싸움 장면을 기획하고 연출해보자. 이때 다음의 요령과 기술을 고려하면 좋다. 카메라(또는 엄마) 앞에서 공연하기 전에 아이와 함께 싸움 장면을 기획하고 연습하는 것이 이 놀이의 핵심이다.

## 요령

**실제 몸의 접촉은 최소화한다 >** 싸움이 진짜가 아니라는 사실을 늘 기억하자.

**맞는 연기는 실감 나게 >** 싸움 장면을 실감 나게 연출하는 데 매우 중요한 요소다. 펀치와 킥을 당하는 장면은 극적이고 과장되게 연기할수록 좋다. 펀치를 맞고 고개가 돌아가거나, 킥을 당해 바닥으로 쓰러지거나 고꾸라지는 장면을 열심히 연습하자.

**아이의 리드에 맡기기 >** 아이가 범죄자 역할을 하고 싶어 하는가, 아니면 경찰관 역할을 하고 싶어 하는가? 아이가 하고 싶어 하는 것을 선택하게 하자.

**연습하고 또 연습하기 >** 연습을 많이 할수록 더 실감 나는 장면을 연출할 수 있다. 스턴트는 몸으로만 하는 것이 아니다. 대사도 연습해야 한다는 것을 잊지 말자!

## 스턴트 기술

**따귀 때리기 >** 상대방의 따귀를 때리는 연기를 할 때는 손뼉을 쳐서 소리를 낸다. 즉, 상대를 때리는 시늉을 하며 자신의 손을 때려서 소리를 낸다.

**펀치** > 어퍼컷이나 잽보다는 훅이 연출하기 쉽다. 훅을 맞는 쪽이 고개를 숙여 움찔하며 (관중의 시선이 닿지 않는 방향으로) 몸을 빼기만 하면 되기 때문이다. 펀치를 맞을 때는 때리는 쪽이나 맞는 쪽이 자신의 가슴을 쳐서 '퍽' 소리를 낸다.

**킥** > 두 가지 유형의 킥이 연출하기에 좋다. 첫째는 상대방의 반대 방향으로 몸을 돌려 뒤로 차는 뒷발차기다. 뒷발차기는 위력이 세기 때문에 상대도 그에 걸맞은 반응을 보여줘야 한다. 둘째는 상대방의 멱살을 잡고 무릎을 들어 올리는 니킥이다. 이때 상대방은 고개를 한껏 뒤로 젖히며 맞는 모습을 과장되게 연기한다. 실제로 뒷발차기나 니킥을 당한다면 얼마나 아플지 상상해본다.

**밀고 당기기** > 이 동작을 많이 사용하면 좋다. 재미를 위해 상대방이 넘어지면 다시 일으켜 세우며 싸움 장면을 이어나간다. 끝날 듯 끝나지 않는 격투 장면이 이어진다고 생각하면 된다.

## 변형 동작

여러 가지 테크닉에 익숙해졌다면 슬로 모션으로 장면을 연출해보자. 때리기, 맞기, 넘어지기, 다시 일어서기 등 모든 움직임을 아주

천천히 수행한다.

슬로 모션 장면을 연출할 때는 가짜가 아닌 진짜 접촉을 해도 좋으며, 움직이는 속도가 느리기 때문에 연습을 덜 해도 안전하게 놀이를 진행할 수 있다.

# 모래 절벽 하이킹

- **적정 연령** ▶ 만 2~7세
- **난이도** ▶ 상
- **주요 기술** ▶ 사전 연습, 기초 체력

서로 마주 보고 서서 아이에게 허리를 숙이고 당신의 허벅지 사이로 아이가 머리를 넣게 한다. 그 상태로 아이의 엉덩이를 잡아 뒤집어 당신의 가슴께로 들어 올린다. 아이를 뒤집을 때는 당신의 왼쪽 다리를 사용해 아이를 들어 올린다. 그 상태에서 아이를 조금 더 위로 들어 올려 아이가 당신의 왼쪽 어깨에 앉아 두 다리를 당신의 등 뒤로 내려뜨리게 한다. 이때 당신의 왼팔과 왼손으로 아이의 배를 감고 오른손으로 아이의 등을 받쳐준다. 여기까지가 모래 절벽 등반 과정이다.

이후에는 여러 가지 방법으로 하산해본다. 가장 간단한 방법은 당신의 목 뒤쪽으로 아이를 돌려 아이가 당신의 가슴을 타고 아래로 미끄러져 내려오게 하는 것이다. 또 다른 방식은 아이가 당신의 뒤에 있는 소파나 침대로 뛰어내리게 하는 것이다. 핵심은 아이가 중력의 힘만 의지해서 내려오지 않는 것이다. 첫 번째 방식처럼 당신의 가슴을 사용하거나 팔 또는 손을 사용하여 아이의 하강을 중간에 한 번 차단해주어야 한다.

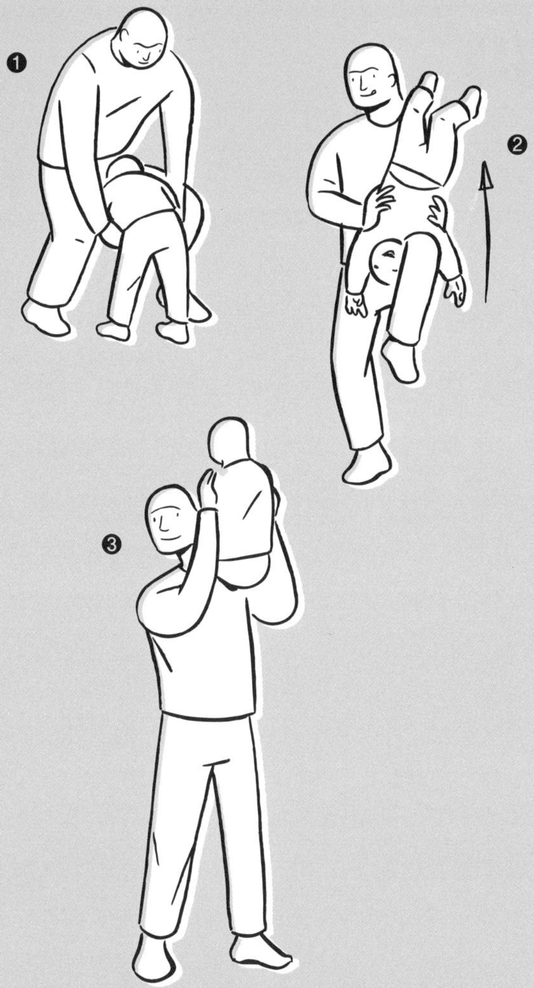


당신이 오른손잡이라면,
설명한 내용을 반대로 수행하면 된다.

note | 어려운 동작이므로 실전에 임하기 전에 베개 등으로 사전 연습을 해야 한다.

## 벌새

- **적정 연령** ▶ 만 12세 이상
- **난이도** ▶ 상
- **주요 기술** ▶ 유연성

먼저 아이와 등을 마주 대고 선다. 서로의 손을 맞잡고(서로 키가 비슷할수록 좋다. 아이 키가 작다면 의자 위로 올라가게 한다) 당신이 상체를 앞으로 구부리면서 몸을 숙일 때 아이는 무릎을 가슴 쪽으로 들어 올리게 한다. 여기서 재빠르게 몸을 일으키며 아이를 머리 위로 뒤집어 바닥에 내려놓는다. 뒤집기 동작이 끝날 때까지 서로 맞잡은 손은 놓지 않는다. 스포터는 뒤집기를 수행하기 전부터 손으로 아이의 허벅지 뒤를 잡아 동작이 완성될 수 있도록 돕는다.

난이도를 높인 변형 동작도 있다. 이 동작을 할 때도 반드시 스포터의 도움을 받는다. 아이가 다리를 벌리고 서게 한 후, 아이 뒤에 웅크리고 앉아 다리 사이에 머리를 끼워 아이가 당신의 목 위에 앉은 것 같은 자세를 취하게 한다. 그런 후 재빠르게 일어나며 아이가 뒤로 공중제비를 돌아 당신의 뒤로 착지하게 한다. 당신이 일어설 때 아이는 무릎을 가슴께로 들어 올려야 한다. 아이가 공중제비를 돌 때 스포터가 손으로 아이의 가슴/복부를 잡아준다.

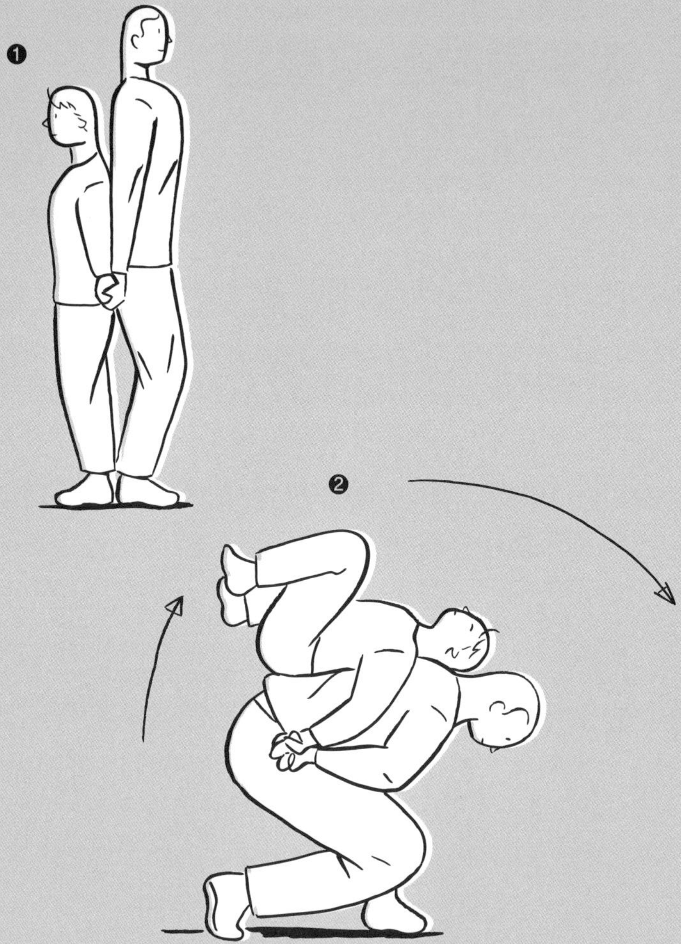


좀더 쉬운 버전은 두 손을 맞잡는 대신
스윙 댄스 동작처럼 뒤로 팔짱을 끼고 뒤집는 것이다.

note

벌새는 지구에서 유일하게 뒤로 날 수 있는 새다. 이 놀이는 벌새라는 이름처럼 공중에서 뒤로 떠 있는 동작이 핵심이다. 이 동작을 할 때는 반드시 스포터의 도움을 받아야 한다.

# 필로볼러스 무용단

- **적정 연령** ▶ 만 12세 이상
- **난이도** ▶ 상
- **주요 기술** ▶ 유연성, 기초 체력

댄스에 대한 운동 역학적 접근법으로 유명한 필로볼러스 무용단 Pilobolus Dance Theater의 이름을 딴 놀이다. 이 놀이에서 당신과 아이는 서로 몸을 밀착한 후 함께 앞으로 구르는 동작을 하게 된다. 서로 몸을 밀착해야 하므로 당신과 아이의 키가 비슷한 정도가 됐을 때 하는 것이 좋다.

매트나 부드러운 잔디 위에 다리를 어깨너비로 벌리고 선다. 아이는 등을 대고 누운 후, 머리는 당신의 두 발 사이에 둔다. 아이가 당신을 향해 다리를 들면 양손으로 아이의 발목을 붙잡는다. 동시에 아이가 당신의 발목을 붙잡게 한 후 천천히 몸을 앞으로 굽혀 아이의 다리 위로 구른다. 아이는 일어선 자세가 되어 다음 구르기를 수행한다. 이를 반복한다.

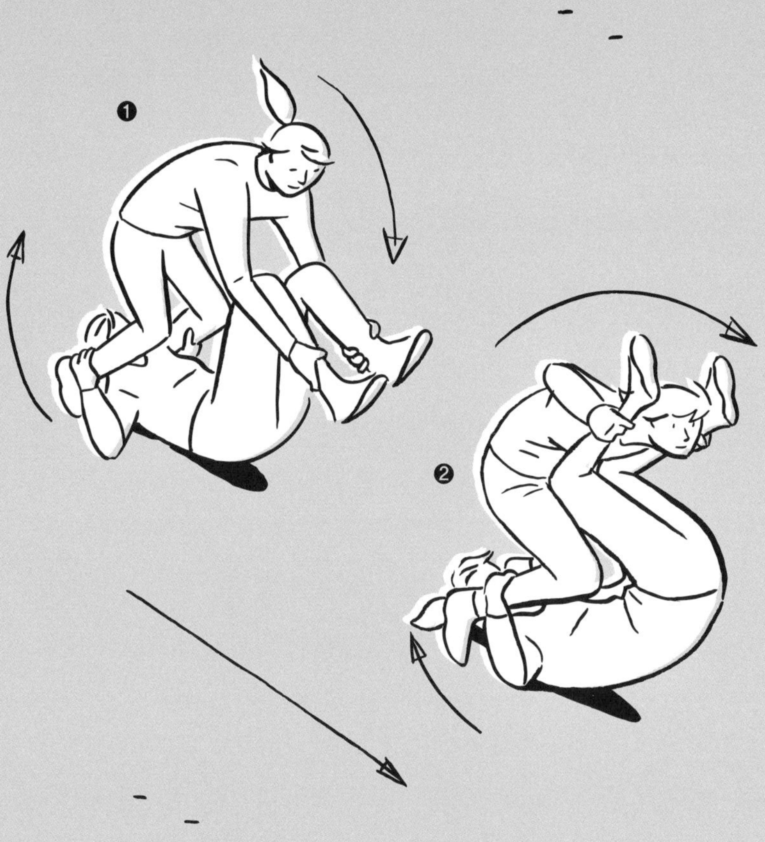


서로 몸을 밀착한 채 앞으로 굴러야 하므로
아이가 당신과 키가 비슷할 때만 시도한다.

note | 앞으로 구르기를 반복하다 보면 현기증이 날 수 있다. 아이와 시도하기 전에 혼자 사전 연습을 해본다.

## 신체 접촉 놀이의 실전 체험담

열한 살 무렵, 앤서니는 유도와 가라데를 비롯하여 닌자와 관련된 모든 것에 흠뻑 빠져 있었다. 그가 하루는 아버지를 상대로 돌려차기 기술을 시도해보기로 마음먹었다. 그리고 실제로 그렇게 했다! '앤서니가 아빠 엉덩이를 걷어찬 사건'은 그 후 오래도록 집안의 전설처럼 전해져 내려오게 됐다. 사건 발생 직후 부자는 한동안 (웃음기 없는) 기나긴 추격전을 벌였고, 앤서니를 겨우 붙잡은 아버지는 아들에게 이제 그가 성장하여 힘이 세졌기 때문에 자신을 포함한 다른 사람을 진짜로 다치게 할 수 있다는 것을 설명해주었다.

시간이 흘러 아이가 어른과 비슷할 정도로 힘이 세지면 자신의 힘을 조절할 수 있도록 가르쳐야 한다. 거친 신체 놀이를 어느 강도까지 허용할지 온 가족이 함께 정해야 한다.

앤서니 가족의 경우에는 꽤 높은 강도의 놀이까지 허용되어서 앤서니와 아버지는 서로의 팔뚝에 번갈아 가며 펀치를 날리는 놀이도 즐기곤 했다. 한 사람이 자신의 팔 근육에 최대한 힘을 주면, 다른 사람이 주먹으로 힘껏 치며 누가 더 오래 버티는지 내기하는 놀이였다. 그들은 서로를 향해 주먹과 독설("아빠, 방금 파리가 내 팔에 잠깐 앉았다 간 거 같은데?")을 주고받다가, 누군가가 사전에 정해둔 암호("오, 주먹이 꽤 센데?")를 외치면 경기를 마치곤 했다.

성인이 된 후에야 앤서니는 아버지가 자신을 위해 힘을 많이 절제했다는 사실을 알 수 있었다. 그러나 당시 그는 아버지와 서로 있는 힘을 다해 정정당당한 경기를 하고 있다고 생각했다. 물론 앤서니의 가족만큼 강도 높은 신체 놀이를 즐기지 않는 가족은 이런 놀이를 부담스럽게 느낄 수 있다.

어느 날, 그런 가족이 로렌스의 사무실을 찾아왔다. 그들은 아들 문제에 대한 부부간의 의견이 맞지 않아 로렌스의 조언을 구하러 왔다고 했다. 그들은 아들 마커스가 학교에서 아이들에게 괴롭힘을 당하고 있다고 했다. 아빠는 마커스가 그런 아이들에게 주먹으로 맞받아쳐야 한다고 생각했고, 아이에게 주먹질 기술을 가르치고 싶어 했다. 엄마는 폭력에 폭력으로 대처하는 것은 좋지 않다고 생각했고, 아들이 더 평화로운 방법으로 해결책을 찾길 바랐다.

로렌스는 상담사들이 으레 그러듯이 둘 다 옳다고 말했다. 그런 다음 마커스가 가정의 안전한 울타리 안에서 거친 신체 놀이를 많이 할 수 있게 하라면서, 주먹질이 아닌 레슬링 같은 고강도 접촉 놀이를 많이 하라고 조언했다. 이런 신체 놀이의 목적은 아들을 억세게 만드는 것이 아니라, 아들의 자신감을 키워주는 것이라고 설명했다. 특히 마커스의  엄마를 향해서는 강도 높은 신체 활동이 언제나 폭력적이지는 않다는 것을 경험해보라고 권했다.

이 모든 대화를 아들 마커스는 눈을 동그랗게 뜨고 듣고 있었다. 아마도 마커스는 자신의 행동이 잘못됐으니 교정해야 한다는 얘기를 들을 거라고 생각했던 듯하다. 그런데 상담사가 해주는 조언은 전혀 예상 밖의 것이었다.

얼마 안 가 레슬링은 마커스 가족이 가장 좋아하는 놀이가 됐다. 아빠가 자신을 괴롭히는 불량배 흉내를 내면, 마커스는 있는 힘을 다해 그를 바닥으로 쓰러뜨렸다. 이 놀이는 언제나 마커스가 온 집 안을 뛰어다니며 승리의 춤을 추는 것으로 마무리됐다.

마커스는 그 이후로는 학교에서 괴롭힘의 대상이 되지 않았다. 신체적으로 자신감 있고 강해 보이는 아이는 불량배들도 건드리지 않기 때문이다. 마커스는 친구를 사귀는 일에도 더 자신감을 갖게 됐고, '불량하지 않은' 아이들과 더 많이 사귀게 됐다.

아이가 레슬링 놀이를 통해 자신감을 회복하는 경험을 하자, 마커스와 아빠는 다른 도전 과제들에도 레슬링을 접목하기 시작했다. 아빠가 까다로운 수학 문제나 쓴 약으로 변신한 흉내를 내면, 마커스가 있는 힘을 다해 아빠를 바닥으로 쓰러뜨리는 식이다.

이 장의 앞부분에서도 인용했던 에드먼드 나이턴은 거친 몸 놀이에 동반되는 신체 접촉이 촉각에 유난히 예민한 아이들에게도 좋은 영향을 미친다는 사실을 발견했다. 특정한 옷이나 감각에 예민하고, 몸에 무언가가 묻거나 더러워지는 것을 유독 싫어하며, 심지어 포옹이나 뽀뽀를 하는 것도 거부하거나 불편해하는 아이들이 있다. 이런 촉각 방어 심리가 강한 아이들은 의외로 많고, 이 아이들은 평범한 촉각 경험에도 과민반응을 나타내기 때문에 놀이에 잘 참여하지 못한다.

이런 아이들도 레슬링이나 강도 높은 포옹 그리고 지저분한 놀이에 단계별로 참여하도록 유도함으로써 촉각에 대한 방어 본능을 누그러뜨리도록 도울 수 있다. 이런 아이들이 어떤 신체 접촉을 좋아하는지, 어떤 촉각을 견딜 수 있고 어떤 촉각은 못 견뎌 하는지 관찰하는 것이 중요하다. 아이가 편안해하는 범위 내에서 함께 많은 시간을 보내며, 매일 조금씩 그 한계치를 늘려나가면 된다.

레바이라는 이름의 다섯 살 소년이 좋은 예다. 레바이는 어느 순간부터 행동이 사납고 거칠어졌다. 레바이의 부모는 아이가 충분히 자고, 운동하고, 설탕 섭취량을 줄이도록 조치해봤지만 증상은 나아지지 않았다. 타임아웃time-out(아이가 잘못된 행동을 했을 때 즉시 아이를 특정 장소로 몇 분간 격리하는 훈육 방법-옮긴이)도, 꾸지람도, 장난감을 빼앗는 벌을 주는 것도 소용이 없었다. 레바이는 아무런 이유도 없어 어린 여동생을 갑자기 때리거나, 밀거나, 잡아당기거나, 발로 밟곤 했다.

레바이는 부모님이 책을 읽어줄 때는 오랜 시간 침착하게 앉아 있을 수 있었다. 그러나 책 읽기 시간이 끝나면 곧바로 누군가에게 다가가 주먹질을 했다. 레바이의 언어도 폭력성이 가득했다.

"네 목을 부러뜨려버릴 거야."

"어디 다시 한번 말해봐. 머리통을 날려버릴 테니까."

상황이 이렇게까지 악화되자 레바이의 부모는 로렌스를 찾아와 도움을 청했고, 로렌스의 조언에 따라 레바이가 거친 행동을 할 때마다 이를 신체 놀이를 하고 싶다는 신호로 받아들이기로 했다.

이제 레바이의 가족은 온갖 종류의 레슬링 놀이를 즐긴다. 엄마 아빠는 레바이가 주먹질을 하거나 때리는 것은 허용하지 않았지만, 종종 자신들을 바닥으로 쓰러뜨리거나 침대에서 밀어내보라고 아들에게 도전장을 내밀었다. 그들은 '시끌벅적 베개 싸움(106쪽)'도 자주 했다. 이런 놀이를 통해 레바이의 폭력성은 현저히 줄어들었고, 가족이 함께하는 즐거운 시간은 크게 늘어났다.

가장 좋아하는 신체 놀이가 무엇이냐고 물으면, 대부분 가족은 서로 몸을 부딪치며 뒹구는 놀이를 이야기한다. 어떻게 보면 레슬링의 다양한 버전인 셈이다. 한번은 아들과 '지진 놀이'를 즐긴다는 엄마한테 편지를 받았다.

> 어느 날 저는 퇴근한 후 집에 와 침대 위에 엎드려 있었어요. 너무나 피곤했거든요. 그때 세 살짜리 아들 녀석이 방으로 들어와 제 등에 올라타더군요. 한동안 아이는 그렇게 가만히 앉아만 있었어요. 아이가 등에 앉아만 있는 것이 지루할 것 같아 저는 몸을 옆으로 천천히 흔들기 시작했어요. "엄마, 뭐 하는 거야?" 하고 아들이 묻길래 "지진이 시작됐나 봐!" 하고 외쳤지요. 아이는 키득거렸어요.
>
> 지진은 점점 더 심해졌고 결국 아이는 제 등에서 떨어지고 말았답니다. 아이는 깔깔대며 웃더니 곧바로 제 등 위로 올라와 다시 해달라고 했어요.

어린 딸아이도 어느 정도 자라자 이 놀이에 합류하게 됐지요. 아이들은 지진이 언제 시작될지 몰라 가슴이 조마조마한 순간을 등에서 떨어지는 순간만큼이나 재미있어했어요.
제가 바쁘거나 피곤하면 아이들도 영향을 받는 게 분명해요. 저에게 더 집착하고, 징징대고, 비협조적으로 굴거든요. 그러나 20분 정도 함께 지진 놀이를 하고 나면 유대감이 회복돼요. 엎드려서 놀아줄 수 있기 때문에 제가 피곤할 때 정말 유용한 놀이지요.

다음은 거친 신체 놀이가 자주 짜증을 내고 우울해하던 아이를 어떻게 바꾸어놓았는지에 대한 또 다른 경험담이다. 이 이야기는 레슬링의 한 형태인 '밀기'가 때리거나 화를 내며 폭발하는 것과 어떻게 다른지를 잘 보여준다.

아들은 점점 더 별것 아닌 일에 짜증을 내며 폭발하곤 했어요. 한번은 화가 나서 저를 미는 아이에게 이렇게 말했어요.
"너, 저쪽 방까지 날 밀지는 못할걸?"
레슬링 규칙을 이미 잘 알고 있는 아이였기 때문에 때리거나 밀치는 것은 허용하지 않았죠. 그렇게 '손으로 밀기' 놀이가 탄생했답니다. 서로를 향해 팔을 내밀고 있는 힘껏 서로 밀어내는 놀이였죠. 줄다리기의 반대라고 생각하면 되겠군요. 물론 저는 처음에만 조금 버티다가 아이에게 져주었지요. 아이가 저를 방으로 밀어넣어 침대 위로 쓰러뜨리면 서로 깔깔대고 웃었답니다.
이렇게 한차례 놀고 나면, 마치 폭풍이 지나가고 햇살이 나오는 것처럼 아이의 예민해졌던 신경이 한결 진정되곤 했어요.

아이에게 이 놀이를 하도록 세 번 정도 유도한 후, 정말 놀라운 일이 일어났답니다. 아이가 스스로 화가 나는 것이 느껴질 때면, 예전처럼 폭발하는 대신 "엄마! 나 '손으로 밀기' 놀이를 해야 할 것 같아!"라고 말하기 시작했거든요.

이런 경험담을 통해 우리는 신체 접촉 놀이를 얼마든지 즉흥적으로 변형할 수 있다는 사실을 알 수 있다. 놀이를 성공적으로 변형하는 비결은 강도의 조절에 있다. 놀이의 강도를 낮추는 방법은 모든 동작을 슬로 모션으로 하거나, 목소리를 줄이거나, 1:1로만 레슬링을 하는 방법 등이 있다. 반대로 놀이의 강도를 높이려면 동작의 속도를 높이거나, 목소리를 키우거나, 한 번에 여러 명의 아이와 레슬링을 하면 된다.

한 번에 여러 명의 아이와 레슬링을 할 때 주의할 점은 아이의 연령대를 잘 맞추어야 한다는 것이다. 연령대가 높은 아이는 당신을 다치지 않게 할 만큼 크지 않아야 하고, 연령대가 낮은 아이는 놀이에 참여해도 될 만큼 몸집이 커야 한다. 그러나 가장 좋은 방법은 아이가 마음껏 힘을 발휘할 수 있도록 1:1로 하는 것이다. 누군가를 위해서는 힘의 강도를 높이고, 누군가를 위해서는 힘의 강도를 낮추는 일을 동시에 하기는 상당히 어렵기 때문이다.

신체 접촉 놀이를 변형할 때 또 하나 기억해야 할 사항은 아이가 놀이를 리드해야 한다는 것이다. 이 점을 설명하기 위해 다음의 두 가지 놀이를 예로 들고자 한다. 하나는 '아빠, 나를 태클해봐' 놀이이고, 또 하나는 '아빠 태클하기' 놀이다. 이 둘은 서로 비슷해 보이나 매우 다르다(여기서 태클은 팔과 손을 사용해 공을 가진 공격자의 전진을 막는 미식 축구 기술을 말한다-옮긴이).

앤서니의 친구 다이크는 30개월 된 아들 에이브리와 함께 '아빠, 나를 태클해봐' 놀이를 만들었다. 다이크가 퇴근하여 집에 오면 에이브리는 한 손에 풋볼을 들고 아빠를 마중 나와서는 "아빠, 나를 태클해봐!"라고 외쳤다. 그들은 자신들이 함께 만든 이 놀이를 너무나 좋아했다.

에이브리는 아빠에게 공을 건네주고 패스를 받기 위해 앞으로 뛰어갔다(아이는 아직 공을 잡기에는 너무 어렸지만, 그래도 매번 신이 나서 시도했다). 다이크가 방 반대쪽으로 공을 던지면, 에이브리는 달려가 그 공을 주워 왔다. 그리고 아이는 태클을 당하기 위해 아빠 쪽으로 있는 힘껏 달려왔다(에이브리는 태클당하는 것이 너무 신난 나머지 아빠가 공을 잡기 위해 자신을 쫓아와야 하는 부분을 생략시켜주는 것이 틀림없다).

태클을 하느라 함께 바닥으로 쓰러지면, 그때부터는 서로 끌어안고 이리저리 굴러다니며 놀았다. 에이브리가 "또 하자!"라고 외치면 다시 처음부터 시작됐고, 놀이는 저녁 식사 시간까지 이어지거나 다이크가 지칠 때까지 반복됐다.

'아빠 태클하기' 놀이는 두 딸 중 심각한 행동 장애를 보이는 아이가 있어 로렌스를 찾아왔던 한 가족이 만들었다.

아빠인 벤이 아이들과 함께 많은 시간을 보내지 않았기 때문에 로렌스는 아이들과의 유대감 형성을 위해 레슬링을 추천했다. 그는 그것이 가족의 난관을 극복하는 데 도움이 되리라 생각했다. 그러나 벤은 아이들과 절대 레슬링은 하지 않겠다고 선언했다. 우선 아이들이 딸이기 때문에 다칠까 봐 걱정이 되어서였고, 또 다른 이유는 벤 스스로가 레슬링에 대해 나쁜 기억을 가지고 있었기 때문이다. 그는 어린 시절 형과 억지로 레슬링을 해야만 했는데, 형과의 레슬링은 자신보다 더 크고 힘센 존재에게 일방적으로 두들겨 맞는 것이나 마찬가지였다.

로렌스는 벤에게 레슬링은 그에게도 즐거운 경험이 될 수 있을 뿐 아니라 딸들에게도 안전한 놀이가 될 수 있다며 그를 설득했다. 결국 그는 딸들과 레슬링을 해보기로 마음먹었다. 그러던 중 아이들과 함께 '아빠 태클하기' 놀이를 만들었다.

두 딸이 집 안에 숨고 벤이 딸들을 찾아 이리저리 돌아다니다가 아이들이 숨어 있는 장소를 못 본 척 지나가면 아이들이 뛰어나와 아빠를 쓰러 넘어뜨리는 놀이였다. 벤은 자비를 베풀어달라며 온몸을 뒤흔들며 소리쳤지만 진짜로 아이들을 떨쳐버리지는 않았다. 아이들은 자비를 베푸는 대신, 놀이를 처음부터 다시 시작하도록 아빠가 일어나게 해주었다.

바닥에 누워 무력해진 척하는 벤의 모습은 어릴 때 형과의 레슬링에서 진짜로 무력함을 느꼈을 때의 모습과 비슷했지만, 그는 이제 아이들과 함께하는 레슬링이 얼마나 즐거울 수 있는지 새롭게 경험하고 있다. 딸들과 유대감을 형성하고, 그들에게 자신감을 심어주는 것이 목적임을 알기 때문이다.

아빠와 즐겁게 놀며 만들어낸 여러 가지 신체 놀이를 통해 발달 장애를 겪던 벤의 딸도 크게 호전됐다. 그러나 더 중요한 것은 온 가족이 하나가 됐다는 것이다. 벤은 처음으로 자신이 집에 돈만 벌어오고 아이들을 훈육만 하는 사람이 아닌 '진짜 아빠'가 된 것처럼 느꼈다고 말했다. 건강하고 유쾌한 신체 접촉의 힘을 처음으로 경험한 것이다.

6장

# 상상 놀이

"1950년대에 러시아에서 진행했던 한 유명한 실험에 따르면, 움직이지 말고 가능한 한 오래 서 있으라는 주문을 받은 아이들은 2분을 버텼다고 한다. 두 번째 그룹의 아이들에게는 초소에서 절대 움직이면 안 되는 경비병이라고 상상하라고 주문했는데, 그 아이들은 11분을 움직이지 않고 버텼다."_포 브론슨Po Bronson·애쉴리 메리먼Ashley Merryman, 『양육쇼크』 중에서

놀이는 우리 뇌가 가장 좋아하는
배움의 방식이다.
- 다이앤 애커먼Diane Ackerman

9개월에서 15개월 사이의 아이에게는 마법 같은 일이 일어나는데, 바로 그 시기에 상상력이 생기기 때문이다. 그 이전에는 아이와 비행 놀이를 해도 아이는 단순히 움직임 자체와 흥분감을 즐길 뿐이지만, 상상력이 생긴 이후의 아이는 자신이 날고 있다고 상상하는 능력을 갖추게 된다.

그와 동시에 놀이에 새로운 차원이 더해진다. 아이는 이제 막대기 하나를 가지고도 그것이 유리병이나 자동차라고 상상할 수 있다. 아이가 성장할수록 이런 상상 놀이는 더 복잡하고 정교한 형태를 띠게 된다.

아이가 유치원에 갈 나이가 되면 상상 놀이가 급격히 증가하게 되는데 이는 아이의 사회적 기술, 사고력, 스토리텔링 능력, 창의력, 언어력의 발달을 돕는다. 그 좋은 예가 소꿉놀이다. 아이는 소꿉놀이를 하면서 (엄마 아빠가 하는 것 같은) 돌봄을 배우고, (엄마 아빠가 하는 것 같은) 가사 일을 연습하며, (엄마 아빠가 하는 것 같은) 말다툼도 해본다. 평균적으로 봤을 때 여자아이가 소꿉놀이를 더 많이 하고, 남자아이는 '나쁜 놈/착한 놈'으로 편을 나누어 액션이 가미된 상상 놀이를 하는 것을 더 즐긴다.

그러나 남자아이들도 돌봄을 연습할 필요가 있다. 그렇지 않으면 훗날 성장하여 아빠가 됐을 때 어떻게 해야 할지 모를 수밖에 없다. 무기나 초능력이 없어도 문제를 해결할 수 있어야 하지 않을까? 반대로 여자아이들도 항상 서로 상냥해야 한다는 '여자아이 규칙'만 따르기보다는 분노나 자기주장, 충동 조절 등의 감정 영역도 탐색할 필요가 있다.

안타깝게도 대부분의 사람은 성인이 되면 자신이 창의적이지 않다는 세상의 메시지에 세뇌되어버린다. 창의성은 타고나는 재능이라고 생각하게 되는 것이다. 그러나 그것은 대단히 잘못된 생각이다! 기발한 창의성을 발휘할 능력은 누구나 가지고 태어난다. 다만 자신에게 그런 능력이 있는지 모르거나, 아니면 개발하지 않았을 뿐이다.

또한 많은 사람이 창의력을 미술이나 음악 등의 예술 영영으로만 국한하여 생각하는데, 이는 상상력이 가미된 신체 놀이가 지닌 창조적 힘을 간과한 것이다.

모든 사람에게 창의성이 잠재되어 있다는 것은 다행스러운 일이다. 왜냐하면 창의력은 문제 해결 능력의 핵심이기 때문이다. 문제 해결 능력이 근육이라면, 이 근육을 가장 효과적으로 키워주는 운동은 상상 놀이다. 아이가 상상 놀이를 할 때마다 문제 해결에 필요한 기술을 연습하는 셈이다.

뉴질랜드의 선구적인 놀이 연구가 브라이언 서튼-스미스Brian Sutton-Smith에 따르면 아이에게 처음 보는 물건을 주고 직접 만져보며 놀게 했을 때, 그 물건을 만져보지 못한 아이들보다 용도를 더 창의적으로 생각해낼 수 있었다고 한다. 직접 만져본다는 행위가 창의력을 자극했다는 얘기다.

여러 가지 해결책을 생각해내는 것이 문제 해결 능력의 핵심인데, 그 능력을 가장 효과적으로 개발하는 방법이 바로 놀이다. 사실 놀이는 무언가를 배우는 데 가장 효과적인 방법이다. 그러니 학교에서든 집에서든, 놀이 시간을 줄일 게 아니라 더 늘려야 한다.

스토리텔링의 힘은 종종 과소평가되곤 한다. 그러나 이야기는 단순하든 복잡하든, 재미있든 진지하든 우리 삶에서 매우 중요한 역할을 한다. 특히 누군가를 설득하거나 동기를 부여하기 위해 정보를 전달할 때 스토리텔링을 활용하면 매우 효과적이다. 우리는 부모와 아이가 함께 만든 이야기, 즉 서로 아이디어를 주고받으며 만들어낸 기발한 이야기들을 가장 좋아한다.

상상 놀이에 신체 놀이가 더해지면 재미는 배가 된다. 상상 놀이는 우리 뇌의 가장 창의적인 부분을 활성화하고, 신체 놀이는 몸의 모든 근육을 깨운다. 부모와 아이가 서로 교류하며 사회적 뇌를 가동시키는데, 이는 우리가 다른 사람들과 어울리는 데 필요한 사회적 기술을 발달시킨다.

이번 장에서 소개하는 놀이는 부모가 아이의 상상의 세계로 뛰어 들어가 앞서 열거한 모든 영역을 함께 활성화하도록 고안됐다. 뉴욕시의 행위 예술가 그룹인 블루맨 그룹Blue Man Group과 그들이 설립한 블루 스쿨Blue School의 창립자 크리스 윙크Christ Wink는 이렇게 말했다.

"아이는 정보를 쓸어 담아야 할 텅 빈 상자가 아닙니다. 아이는 로켓이라고 생각해요. 로켓이 발사되도록 퓨즈를 찾아 불을 붙여주는 게 어른의 역할이지요."

## 상상 놀이의 주요 기술

**확산적 사고** > 확산적 사고란 여러 가지 정답을 생각해내는 능력을 말한다. 이는 창의력의 핵심이기도 하다. 확산적 사고를 하는 사람의 특징은 끝없는 호기심, 기존의 틀을 깨는 생각, 쓸데없는 아이디어는 없다는 믿음, 다양한 해결책을 도출하는 능력을 갖고 있다는 것이다. 확산적 사고력을 자극하고자 할 때 소품을 사용하면 효과가 매우 크다. 예를 들어 담요는 요새가 될 수도 있고, 인간 부리토burrito를 말아줄 거대한 토르티야tortilla가 될 수도 있다. 우리가 가장 자주 사용하는 소품은 소파 쿠션, 베개, 매트리스, 담요다.

**역할 바꾸기** > 아이에게 강자, 리더, 능력자, 무서운 괴물, 영웅 역할을 맡기고 당신은 겁쟁이, 바보, 무능력자 역할을 맡는다. 당신도 이미 짐작했겠지만, 이렇게 함으로써 아이에게 자신감을 심어줄 수 있다.

**스토리텔링** > 신체 놀이에 이야기, 등장인물, 환상의 요소를 더해본다. 상상력의 물꼬를 트는 가장 쉽고 빠른 방법은 여러 가지 동물로 변신하는 것이다. 여러 가지 동작, 소리, 감정으로 실험해본다. 그중에서도 초능력 놀이를 강력히 권한다. 초능력 놀이는 아이들 사이에서 언제나 인기 만점이다. 특히 아이에게 당신이 결코 따라잡을 수 없는 초능력이 있다고 설정했을 때 그렇다. 험난한 지구의 가장자리로 순간 이동을 했다고 상상하는 것도 재미있다. 서로 힘을 합쳐 얼음 빙하를 탈출하거나, 나무 덩굴을 붙잡고 아마존의 늪을 피하는 장면을 상상해보는 것이다.

## 클리프턴 현수교

- **적정 연령** ▸ 만 3~5세
- **난이도** ▸ 하
- **주요 기술** ▸ 역할 바꾸기, 스토리텔링

영국 에이본 협곡의 200미터 상공을 가로지르는 클리프턴 현수교는 영국에서 가장 주목받는 건축물 중 하나다. 아이가 과연 그 다리를 혼자서 용감하게 건널 수 있을까?

의자에 앉아 발을 다른 의자에 걸친다. 당신의 다리가 현수교를 떠받치는 쇠사슬이 되는 것이다. 평행봉에 선 체조 선수처럼 아이가 당신의 양 다리 사이에 서게 한다. 그 상태로 다리를 천천히 흔들어본다. 협곡에는 바람이 세게 불고 있으니 아이에게 '쇠사슬'을 단단히 붙잡으라고 말한다. 상상력을 발휘하여 온갖 위험한 상황을 만들어본다. 한쪽 발을 내리면서 현수교에 구멍이 뚫렸으니 피해야 한다고 말하거나, 두 다리를 내리고 벼락이 떨어져 현수교가 무너졌다며 아이에게 안전한 곳으로 기어 올라가라고 말해보자.

서로 역할을 바꾸어도 좋다. 당신이 협곡을 건너야 할 차례가 되면 균형을 잃어 금방이라도 물에 빠질 것처럼 호들갑을 떤다.

"이런, 여기에선 한번 떨어지면 끝이라고!"

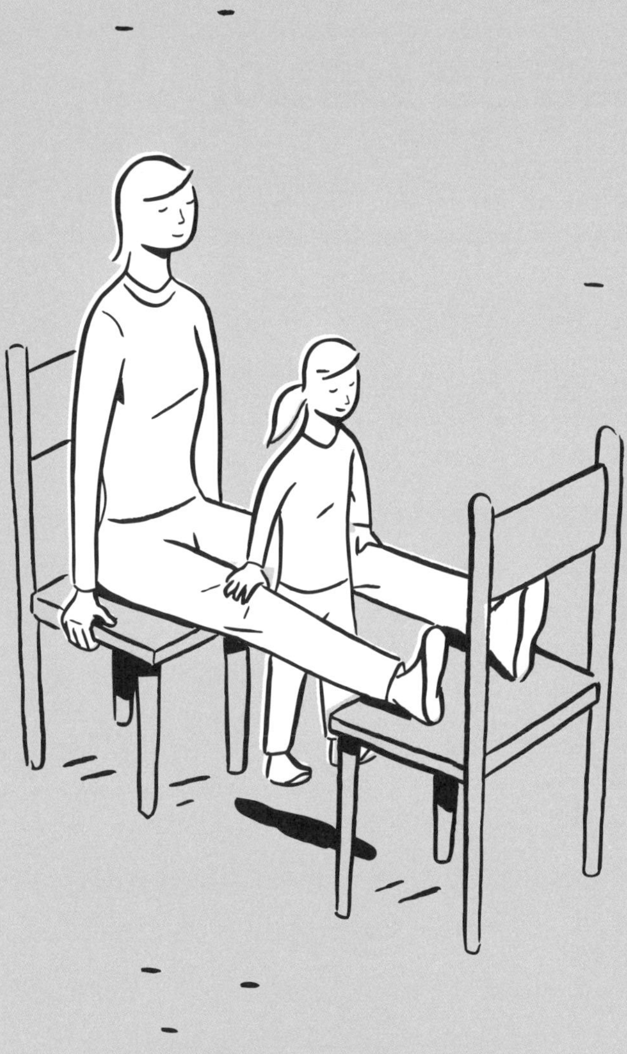

평행봉에 선 체조 선수처럼
아이가 당신의 양 다리 사이에 서서
두 팔로 당신의 다리를 붙들게 한다.

# 엉망진창 소꿉놀이

- **적정 연령** ▸ 만 3~6세
- **난이도** ▸ 하
- **주요 기술** ▸ 확산적 사고

일반적인 소꿉놀이에 신체 놀이 요소를 더한 놀이다. 침착하고 조용한 역할 놀이도 가끔은 시끌벅적하게 만들어보면 더 재미있다.

아이와 다과회 놀이를 하고 있다면 함께 홍차를 홀짝이다가 갑자기 자리에서 벌떡 일어나 "이 홍차가 나를 용으로 만들고 말았어!"라고 외친다. 용이 날아오르듯 온 방을 돌아다니며 아이에게도 함께 해보자고 한다. 그래도 아이가 얌전히 인형만 토닥토닥 재우고 있다면, 인형이 당신에게 갑자기 덤벼들었다며 호들갑을 떨면서 도와달라고 외친다(아이가 인형의 편을 들지도 모르지만).

물론 어떤 아이들은 자신이 진행하는 소꿉놀이가 정말 중요하기 때문에, 기껏 만들어놓은 다과나 요리가 엉망진창이 되는 것을 싫어할 수도 있다. 그런 경우에는 아이의 반응을 살피면서 조금씩 신체 놀이 요소를 가미해본다. 차를 마시면서 일부러 팔을 부딪쳐보거나, 아니면 상냥한 말투로 "어머나, 코끼리가 몰려오는 소리가 들리시나요? 아기들을 빨리 피신시켜야 하지 않을까요?"라고 말해보자. 아이가 그렇게 하자고 하면 아이와 인형들을 모조리 품에 끌어안고 소파 위로 뛰어오른다.

"어머나, 코끼리가 몰려오는 소리가 들리시나요?"

note | 아이가 싫다고 하면 아이의 뜻에 따르고 다음 기회를 노려본다.

# 막대기

- **적정 연령** ▶ 만 4~10세
- **난이도** ▶ 하
- **주요 기술** ▶ 확산적 사고

상상력을 발휘해야 하는 스피드 게임이다. 한 사람이 하나의 물건을 선택하여 다른 사람에게 건네주고 "시작!"이라고 외치면, 물건을 받아 든 사람은 그 물건으로 상상할 수 있는 모든 용도를 외친다. 그러면 다른 참가자들은 몸으로 그 용도를 표현한다. 이 놀이를 할 때는 제일 먼저 막대기로 시작하고, 이어서 쿠션이나 돌, 진흙, 축구공 등 다른 물건으로 넘어간다.

물건의 용도는 이전의 행동에서 다음 행동으로 자연스럽게 흘러가야 한다. 예를 들어 막대기는 해적의 보물을 파내는 삽으로 시작하여, 해적을 물리치기 위한 칼로 변했다가, 도와줄 사람을 찾기 위한 망원경이 되고, 탈출하려는 노인의 지팡이가 됐다가, 숨은 동굴로 들어갈 수 있는 열쇠가 되는 식이다.

몸으로 하는 표현은 기발하고 희한할수록 좋다. 물건을 손에 든 사람이 용도가 더는 떠오르지 않거나 그 역할이 싫증 나면 새로운 물건을 집어 들어 다음 참가자에게 건네준다. 그러면 다음 라운드가 시작된다.

한 가지 물건으로 상상할 수 있는
모든 용도를 외친다.

note

2008년, 미국 뉴욕 로체스터 스트롱 국립 어린이 박물관이 주관하는 '장난감 명예의 전당'에 막대기가 이름을 올렸다. 오랫동안 대중에게 사랑받아온 창의적인 장난감으로 인정받은 것이다. 막대기는 어떤 것도 될 수 있고, 순식간에 다른 물건으로 변모할 수 있으며, 배터리가 필요하지도 않다.

# 로마인과 야만인

- **적정 연령** ▸ 만 3~8세
- **난이도** ▸ 중
- **주요 기술** ▸ 확산적 사고

알라리크Alaric는 서기 410년, 역사상 처음으로 로마를 점령한 야만인 부족의 지도자다.

이 놀이에서 당신은 로마인의 역할을 맡고, 아이가 알라리크의 역할을 맡는다. 먼저 로마를 건설한다. 마스킹 테이프로 담요를 가구에 붙여 요새를 만들고, 소파 쿠션을 잔뜩 쌓아 올려 외벽을 세운다. 고대 로마의 요새가 완성되면 안으로 들어가 잠든 척한다.

얼마 후 아이가 요새 안으로 몰래 들어와 당신에게 달려들면 화들짝 놀라며 잠에서 깨어난 척한다. 그런 다음 주변에 베개와 쿠션을 더 많이 쌓아 올린 후 "튼튼하게 지었으니 이제 아무도 쳐들어오지 못하겠지!"라고 크게 말하고 의기양양하게 다시 잠든 척한다.

베개와 소파 쿠션만 있으면
난공불락의 요새를 지을 수 있다.

# 무시무시한 괴물

- **적정 연령** ▸ 만 3~8세
- **난이도** ▸ 중
- **주요 기술** ▸ 확산적 사고

이 놀이는 한 엄마가 아이들이 남편과 함께 발명한 놀이라며 우리에게 소개해주었다.

아이들이 집 안을 한 바퀴, 두 바퀴 도는 동안 당신은 복도에 앉아 무서운 괴물이 된 척한다. 아이가 가까이 다가올 때마다 장난스럽게 아이의 길을 방해했다가 탈출하게 해준다.

방해하는 방법은 아이를 꽉 껴안거나, 아이의 발을 잡거나, 부드럽게 헤드록을 걸고 머리를 헝클어뜨리거나, 복도 바닥에 털썩 드러누워 길을 막아버리는 것 등이 있다. 방해하는 시간은 짧게 유지해 아이가 집 안을 한 바퀴 더 돌며 다음번에는 괴물이 어떻게 자신의 길을 방해할지 궁금해하게 만든다. 아이는 그러면서도 한편으론 자신이 반드시 그 장애물로부터 탈출할 수 있다는 믿음을 갖게 될 것이다.

장난스럽게 아이의 길을 방해했다가
다시 탈출하게 해준다.

## 요술 양탄자

- 적정 연령 ▸ 만 2~6세
- 난이도 ▸ 중
- 주요 기술 ▸ 확산적 사고

아이를 담요 위에 눕게 하고 어른들이 담요의 네 모서리를 잡아 공중에 띄운 후 이리저리 뛰어다닌다. 담요를 소파에 잠깐 내려놓았다가 다시 들어 올리면, 밖이 보이지 않는 아이는 스릴을 느낄 것이다. 어른이 한 명밖에 없다면, 아이를 담요 위에 대각선으로 눕게 하고 그대로 담요의 가장자리를 모아서 자루처럼 들어 올린다. 혹시라도 떨어질 때의 충격을 최소화하기 위해 바닥으로부터 30~60센티미터 이내의 높이를 유지하되, 바닥을 스치지 않도록 주의한다.

변형 버전도 있다. 각 모서리를 담당할 네 명의 어른을 포함하여 양탄자를 움직일 인원이 충분할 경우, 담요를 자루처럼 만드는 대신 활짝 펴서 허리 높이로 들어 올린다. 위아래로 담요를 펄럭이며 적당한 리듬을 만든 후, "하나, 둘, 셋!" 하고 외치며 아이를 공중으로 튕겨 올린다. 아이를 받을 때는 바닥으로부터 충분한 높이를 유지하여 담요가 바닥에 닿지 않고 아이의 체중을 버틸 수 있도록 한다. 인원수만 충분하다면 아이들이 당신을 담요에 태우고 공중으로 튕겨 올리게 해도 좋다. 당신에게 그럴 만한 용기가 있다면!

요술램프의 지니처럼 아이를 태우고 다니려면
2~4명의 어른이 함께하는 것이 좋다.

note | 아이들이 여럿이서 함께 요술 양탄자를 타고 싶다고 조르기도 하겠지만 안전을 위해 반드시 한 번에 한 명의 아이만 태워야 한다.

# 옛날 옛적에

- **적정 연령** ▶ 만 3~5세
- **난이도** ▶ 중
- **주요 기술** ▶ 역할 바꾸기, 스토리텔링

아이들이 좋아하는 세 가지 요소, 즉 이야기, 연극, 신체 접촉을 모두 합친 놀이다. 어떤 이야기를 할지 정한 후, 이야기의 분위기에 맞는 배경 음악을 틀어놓는다. 아프리카 초원에서 벌어지는 모험 이야기를 할 때는 북소리가 들어간 음악이 잘 어울리며, 로봇의 우주여행 이야기를 할 때는 전자음이 들어간 음악이 잘 어울릴 것이다.

아이와 함께 몸으로 표현할 이야기를 시작한다. 새로운 등장인물(사람, 동물, 기타 생명체)이 나올 때마다 모두가 그 인물을 동작과 소리, 신체 접촉으로 표현해본다. 예를 들면 코끼리가 되어 코로 서로 문지르거나, 로봇이 되어 서로 몸을 부딪치거나, 뱀이 되어 서로의 몸 사이로 미끄러지거나 하는 등이다.

스토리는 실없는 것이어도 좋고 진지해도 좋으며, 만든 이야기여도 좋고 실화나 영화를 기반으로 한 것이어도 좋다. 이야기의 기승전결에 따라 움직임을 처음에는 느리게 시작했다가, 점점 속도와 에너지를 고조시켜 클라이맥스에 다다랐다가, 천천히 진정하며 마무리한다.

다음 등장인물이 나타나기 전까지는
음악 리듬에 맞춰 춤을 춘다.

note | 새로운 인물이 나올 때마다 모두가 즐겁게 몸으로 표현하고 상호작용할 수 있도록 등장인물의 수가 충분히 많게 한다.

## 사스케

- 적정 연령 ▸ 만 3~10세
- 난이도 ▸ 중
- 주요 기술 ▸ 확산적 사고, 역할 바꾸기

〈사스케〉는 출연자들이 네 개의 스테이지로 구성된 고난도 장애물 코스를 돌며 서로 경쟁하는 일본의 쇼 프로그램이다. 이 놀이는 〈사스케〉를 신체 놀이 버전으로 만들어본 것이다. 공간이 충분한 야외 코스에서는 콘, 네트, 공 등을 사용하여 쉽게 만들 수 있다.

다음은 실내 코스를 만드는 몇 가지 요령이다.

- 가구를 최대한 많이 활용한다. 큰 의자, 소파, 견고하고 유리가 없는 커피 테이블 등이 가장 좋다.
- 마스킹 테이프를 많이 활용하자! 벽과 벽 사이 또는 가구들 사이에 여러 가지 높이로 마스킹 테이프를 길게 붙인 후, 그것이 침입 감지 레이저 빔이라고 상상해보자.
- 시작 지점과 종료 지점을 정하여 코스의 방향을 설정한다. 가구 사이를 뛰어다니며 중간중간 놓아둔 소파 쿠션을 발판 삼아 종료 지점까지 이동한다("바닥은 화산이 녹아내린 용암이야!"). 침입 감지 레이저 빔을 뛰어넘거나 몸을 웅크려 피하고, 혼자 지나가기 어려운 지점은 동료의 도움을 받아 통과한다.

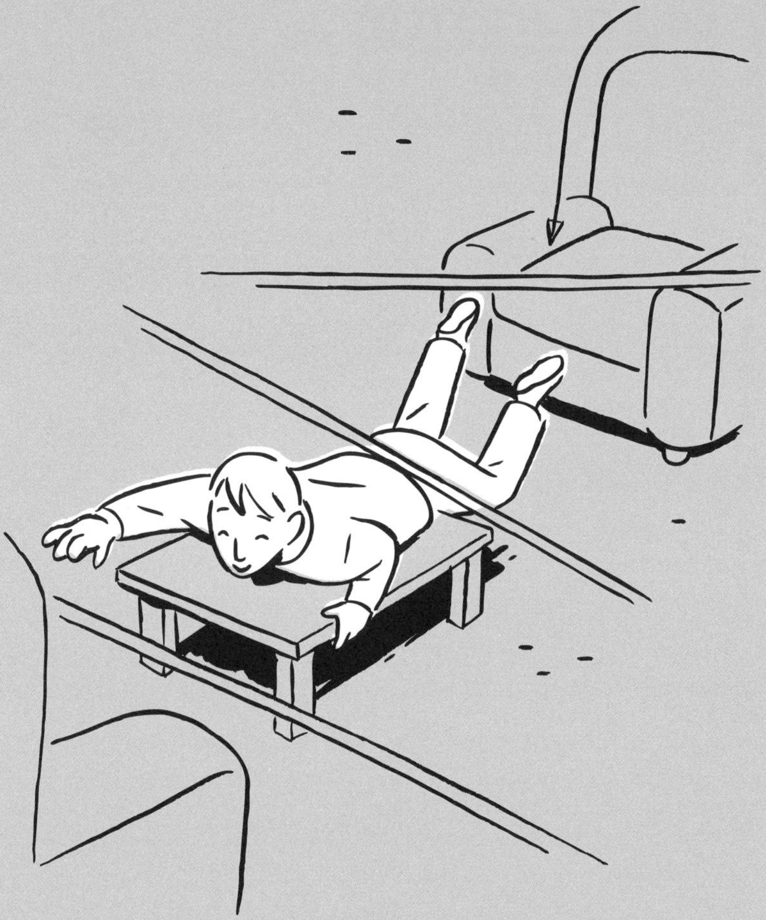

가구 사이를 뛰어다니고,
침입 감지 레이저 빔은 몸을 웅크려 피한다.

note | 서로 시간을 재주어도 좋고, 아니면 함께 협력해서 통과해도 좋다. 몸을 웅크리거나 피하면서 여러 위험 요소를 상상해내고 서로 이야기해준다.

## 매트리스 래프팅

- **적정 연령** ▶ 만 3~10세
- **난이도** ▶ 상
- **주요 기술** ▶ 확산적 사고

칠레의 푸탈레우푸강은 세계에서 가장 위험한 급류 래프팅 장소로 유명한 곳이다. 칠레까지 가지 않더라도 아이와 함께 집 안에서도 급류 래프팅을 즐길 수 있다.

유아용 매트리스, 트윈 매트리스 또는 체조 매트를 계단 맨 위에 올려놓는다. 아이와 함께 매트리스에 올라탄 후 앞으로 밀어 출발한다. 매트리스의 측면에 달린 손잡이를 꼭 잡아 안전성을 확보하되, 매트리스가 벽을 향해 돌진하면 바로 손잡이를 놓고 아이를 감쌀 준비를 한다.

이 놀이의 난이도가 '상'인 이유는 매트리스가 난간에 부딪히거나 계단을 내려가다가 뒤집히지 않도록 특별한 주의가 필요하기 때문이다.

손잡이를 꼭 잡아 안정성을 확보하되,
매트리스가 벽을 향해 돌진하면
바로 손잡이를 놓고 아이를 감싼다.

## 상상 놀이의 실전 체험담

거친 신체 놀이는 모두 즉흥적으로 변형할 수 있는데, 상상 놀이는 애초에 즉흥성 자체다. 상상 놀이는 할 때마다 조금씩 달라지며, 함께 노는 사람들과 많은 상호작용을 하게 된다. 경쟁의 모습을 한 놀이라 할지라도 속을 들여다보면 서로 간의 협력이 필요하다. 이는 매우 좋은 것이다. 영국의 생물학자 찰스 다윈은 이렇게 말했다.

"인류의 긴 역사를 살펴보면 (동물의 역사와 마찬가지로) 협력과 즉흥에 능한 자가 살아남았다."

전설의 록 밴드 그레이트풀 데드Grateful Dead도 다음과 같은 말을 남겼다.

"우리는 그룹 즉흥연주를 위해 솔로를 없애버렸다."

이들이야말로 협력과 즉흥의 권위자 아닐까!

아이와 즉흥 놀이를 한다는 것은 놀이의 세부적인 내용을 함께 정한다는 의미이기도 하다. 한때 로렌스의 피상담자였던 아홉 살 소년 오마르는 어려서부터 한 번도 상상 놀이를 해본 적이 없었다. 아주 진지한 성격이었기에 학교에서도 친구를 잘 사귀지 못했다.

오마르가 체스를 좋아해서 로렌스가 함께 체스를 두었는데, 일부로 져주지 않았음에도 매번 졌다.

조용하고 진지한 체스 게임을 몇 번 한 후 로렌스는 상상력의 요소를 더하기 시작했다. 자신은 거칠고 충동적인 보비 피셔Bobby Fisher(냉전 시대에 미국을 대표했던 체스 영웅-옮긴이)의 역할을 맡고, 오마르는 무뚝뚝하고 감정 표현이 드문 보리스 스파스키Boris Spassky(러시아의 체스 영웅으로 불렸으나 보비 피셔와의 대결에서 졌다-옮긴이)의 역할을 맡게 했다. 로렌스는 자신이 질 때마다 엄청나게 역정을 내는 척하며 오마르를 쫓아 온 방을 뛰어다녔다. 그런 놀이가 늘 경직되어 있던 오마르를 한결 부드럽게 만들어주었고, 아이는 장난스러운 놀이를 더 많이 하며 새로운 친구들도 사귀게 됐다.

상상 놀이를 활용하면 아이들에게 스토리텔링 기술을 가르칠 수 있다. 몸을 움직이는 놀이에 스토리텔링으로 의미를 부여하면 그 효과는 특히 강렬하다.

앤서니의 딸 미아는 18개월 무렵에 엄마와 연극 놀이 수업에 참여했다. 그 수업에서 사용하는 소품 중 하나가 화려한 색상의 거대한 낙하산이었다. 어른들이 방 한가운데에 낙하산을 펼쳐주면 아이들은 신이 나서 그 안으로 달려 들어갔다. 때로는 어른들이 낙하산을 공중으로 던진 후, 빠르게 낙하산 안으로 들어와 가장자리에 앉아 모두가 함께 들어간 낙하산 요새를 만들기도 했다.

그렇게 만든 낙하산 요새의 천장 한가운데에는 작은 원 하나가 뚫려 있었다. 미아는 늘 고개를 들어 그 원을 바라보곤 했다. 미아는 엄마와 저기 하늘 위에 무엇이 있고 어떤 일이 벌어지고 있는지 함께 상상하며 여러 가지 이야기를 만들었다. 대부분은 하늘을 나는 강아지가 포함된 환상적인 스토리였다. 미아는 자기 전에 엄마 아빠가 읽어주는 동화책과는 사뭇 다른 그런 이야기들을 무척 좋아했다. 낙하산 놀이의 신체 활동에 창의적인 스토리텔링을 가미하자, 더 새롭고 환상적인 이야기가 탄생한 것이다.

슈퍼히어로 놀이도 아이가 성장해감에 따라 상상력이 가미된 거친 신체 놀이로 만들 수 있다. 원래 하던 역할극에 재미있는 신체 접촉 활동만 추가하면 된다. 하늘을 나는 흉내를 내는 것은 언제나 즐겁고, 실패해서 고꾸라지거나 서로 충돌 사고를 일으키는 것은 더 재미있다.

아이가 당신에게 악당 역할을 맡긴다면, 앞서 설명한 '잡을락 말락(51쪽)' 놀이를 참고하여 아이를 붙잡기 직전에 팔다리를 휘적거리며 쿵 하고 쓰러져보자. 당신이 연기하는 악당이나 괴물은 약간 어설프고 엉뚱해야 한다. 대부분의 아이는 약간은 겁이 나지만 진짜로 무섭지는 않은 정도의 스릴을 좋아하기 때문이다. 무서운 소리를 내거나, 몸을 거대하게 부풀리거나, 속도를 내거나, 아이를 깜짝 놀라게 만들면서 놀이를 스릴 있게 하는 것은 좋지만 지나쳐서는 안 된다. 아이의 즐거움이 공포감으로 바뀌는 기색이 있는지 잘 살펴야 한다.

아이들은 자신이 얼마만큼의 스릴을 감당할 수 있는지 스스로 잘 알고 있다는 것을 기억하자. 지나친 공포감을 조성하거나 감당이 안 될 만큼 놀이를 빠르게 진행하면, 아이들은 대부분 크게 화를 내거나 울음을 터뜨릴 것이다.

아이들이 무척 좋아하는 놀이 중의 하나가 학교 놀이다. 대부분 자신이 선생님 역할을 하고, 부모가 학생 역할을 하는 것을 좋아한다(부모에게 주로 말썽꾸러기 학생 역할을 맡게 하는데, 그래야 놀이가 더 재미있기 때문이다). 놀이 학교가 진짜 학교처럼 침착하고 통제되어야 할 이유는 없다. 베개 싸움 학교는 어떨까? 공룡 대원을 양성하는 학교나 계단 래프팅 아카데미도 재미있지 않을까?

'아빠 등에 말타기'와 같이 늘 해서 지루해진 놀이에 상상력을 더하면 다시 재미있게 만들 수 있다. 평범하게 말 흉내만 내기보다는 무법자들을 피해 도망가는 용감한 야생마가 되거나, 화성을 향해 날아가는 우주 왕복선이 되는 것이다.

물론 어떤 아이는 자신이 좋아하는 놀이는 작은 부분 하나라도 바뀌는 것을 싫어하기도 한다. 그럴 때는 억지로 바꾸려고 하지 말고, 같은 놀이를 하되 더 열광적이고 활기 넘치게 해보자. 그렇게 하면 아이는 당신이 기꺼이 자신이 좋아하는 방식으로 놀아주는 것에 기쁨을 느끼면서, 역설적으로 놀이에 좀더 창의성을 발휘하고 싶다는 생각을 하게 될 것이다.

엉뚱하거나 극단적인 인물이 등장하면 대부분의 놀이는 더 재미있어진다. 로렌스의 피상담자인 밍은 아이들과 '감옥 탈출(50쪽)' 놀이를 할 때 언제나 잔인한 간수와 한 쌍의 비열한 무법자 연기를 한다고 했다. 몇 년간 같은 놀이를 하다 보니 이제는 서로 쫓고 쫓기는 신체적 즐거움뿐 아니라, 각각의 역할에 맞는 목소리와 성격도 만들어져 한층 더 실감 나는 놀이가 완성됐다.

밍이 이제 이 놀이는 할 만큼 했다고 생각했을 무렵, 아이들이 또 하나의 요소를 추가했다. 자신들이 감옥에 갇히자 아빠가 자신들을 탈출시켜줄 말이 되어 나타났다면서 소파 감옥에서 뛰어내려 아빠의 등에 올라탔다.

그러던 어느 날, 무척 피곤했던 밍은 이 놀이를 또 한 번 변형했다. 그는 최대한 덜 피곤하게 놀아주고 싶었기 때문에 아이들에게 이렇게 말했다.

"오늘은 아빠가 좀 많이 피곤하구나. 그러니 너무 지치지 않으면서도 서로 즐겁게 안아줄 수 있는 다른 놀이를 하자."

그는 너무 단순해서 아이들이 절대 하고 싶지 않을 것으로 생각한 놀이를 말했다.

"'하나 둘 셋 껴안기'는 어떠니?"

"그건 어떻게 하는 건데요?"

"내가 '하나, 둘, 셋!'을 외치면 너희가 내 무릎 위로 뛰어 올라와 서로 안아주는 거야. 어때?"

놀랍게도 아이들은 무척 좋아하며 그 놀이를 하고 또 했다. 그렇게 몇 번이나 반복한 후, 아이들은 놀이에 긴장감을 더하기 위해 숫자를 어디까지 셀지 말해주지 않고 아빠의 무릎으로 뛰어들었다.

이처럼 거친 신체 놀이에 상상력을 가미하면 수많은 변형 놀이가 탄생한다. 우리는 이런 방식으로 가족 모두가 즐길 수 있는 새로운 놀이를 만든 한 엄마한테 편지를 받았다. 여기에서 영감을 얻어 만든 것이 '자석 아빠(52쪽)' 놀이다.

> 저항력과 신체 접촉을 합친 놀이를 아이와 함께 만들었답니다. 아들 마크가 제 손을 모았다가 다시 떼려고 하면 저는 손이 자석이 되어버렸다면서 떼어지지 않게 버팁니다. 마크는 낄낄대며 더 열심히 손을 떼려고 하지만 저는 적당한 저항력을 유지하면서 손이 떼어지는 척하다가 다시 두 손을 모아버리지요.
>
> 이번에는 마크의 얼굴이 두 손 사이에 끼게 한 후 "이런! 네 머리가 자석에 붙어버렸잖아?"라고 외칩니다. 그런 식으로 자석 손은 마크의 등에도 붙었다가, 손에도 붙었다가 한답니다. 마크는 손을 떼려고 낑낑거리면서 정말 즐거워해요.
>
> 또 요즘 생각하는 것이, 평소 같으면 서로 싸웠을 상황도 우스꽝스러운 행동 하나로 잘 넘어갈 수 있다는 거예요. 어제 남편이 냉장고에 무언가를 넣으려고 하는데 마크가 냉장고 안으로 냉큼 들어가더니 "문 닫아!"라고 외치더군요. 남편은 "안 돼, 당장 거기에서 나와"라고 말했죠. 마크는 "싫어!"라고 소리쳤어요.
>
> 남편이 아들과 말다툼을 하려는 기색이 보이길래 저는 남편의 귀에 대고 이렇게 속삭였어요.
>
> "마크가 너무나 큰 채소여서 당신이 냉장고 문을 못 닫는 척을 해봐."
>
> 제 말을 들은 남편은 크고 우스꽝스러운 목소리로 이렇게 말했

어요.

“세상에! 이렇게 큰 감자가 있다니! 내가 본 감자 중에 제일 큰걸? 어서 문을 닫아야겠어. 아니, 이런! 감자가 너무 커서 문이 안 닫히잖아?”

마크는 낄낄대며 웃더니 곧 냉장고 밖으로 뛰어나와 다른 방으로 들어가 놀기 시작했어요. 남편은 저를 향해 돌아서더니 이렇게 말하더군요.

“그것참 훌륭한 조언이었어.”

7장

# 과격한 신체 놀이

“물은 99℃에서 뜨겁고, 100℃에서 끓는다. 물이 끓으면 증기가 생기고, 증기는 기관차를 움직인다.”_샘 파커Sam Parker, 『화씨 212도: 마지막 1도212°: The Extra Degree』 중에서 노는 방법을 아는 것은 행복한 재능이다.

- 랠프 월도 에머슨Ralph Waldo Emerson

우리는 거친 신체 놀이의 기본 준비 동작부터 시작하여 지금까지 당신을 비행 놀이, 시합 놀이, 신체 접촉 놀이, 상상 놀이의 세계로 안내했다. 이제 마지막으로 '과격한 신체 놀이'를 소개하며 이야기를 마치고자 한다. 이번 장에서 소개하는 놀이는 다소 과격한 움직임을 요구하지만, 아이에게 미치는 유익(위험감수력, 끈기, 자신감)이 그로부터 비롯된 부담감을 충분히 상쇄할 것이다.

위험감수력은 도전을 두려워하지 않고 어려움에 당당하게 맞서는 능력을 의미한다. 우리는 아이가 무턱대고 모든 위험을 무시하길 바라지는 않지만, 처음에는 실패가 뻔할 때도 새로운 도전을 두려워하지 않기를 바란다. 이런 과정에서 겪는 실패는 결코 무의미하지 않다. 왜냐하면 성공은 결과가 아니라 모든 장애물을 극복하고자 하는 태도이기 때문이다. 이런 마음가짐이 바로 거친 신체 놀이의 교훈이다.

그러나 어떤 아이들은 위험을 감수하기를 상당히 주저한다. 이럴 때 부모의 역할이 매우 중요하다. 부모가 아이와 늘 함께하며 친밀한 관계를 맺고 아이에게 자신감 넘치는 모습을 보여줄 때, 아이는 익숙한 자리를 떠나 새로운 시도를 할 수 있게 된다. 아이의 한계를 함부로 넘으면 안 되지만, 그렇다고 아이가 쉽게 물러서도록 내버려 두어서도 안 된다. 이번 장에서 소개하는 과격한 신체 놀이는 아이가 위험을 감수해볼 수 있도록 여러 기회를 제공한다. 아이의 손을 잡고 미지의 세계로 함께 나아가보자.

과격한 신체 놀이가 가져다주는 또 하나의 이점은 바로 끈기다. 이번 장의 서두에서 소개한 샘 파커의 인용문에서도 핵심은 꾸준한 노력과 넘어져도 다시 일어서는 끈기다. 우리가 하는 모든 일에 마지막 1℃의 노력까지 기울인다면, 기관차를 움직일 만큼 강력한 힘을 얻을 수 있다.

오늘날 대부분의 부모는 아이에게 모든 것을 해주려 한다. 그러나 아이를 위한 이런 행동이 오히려 아이의 성장을 막는다. 어른이 되려면 아이도 역경을 경험해야 하기 때문이다. 아이에게는 도전이 필요하다. 불가능한 도전이 아닌 의미 있는 도전을 경험해야 한다. 노력이 성공의 비결이란 말이 진부하게 들릴지 몰라도, 『양육 쇼크』의 저자 포 브론슨과 애쉴리 메리먼의 말을 기억할 필요가 있다. 두 저자는 이렇게 말했다.

"끈기가 강한 사람은 역경을 만나도 회복이 빠르며, 보상이 지연되어도 자신의 동기를 장기간 유지할 수 있다."

그들의 책에는 끈기가 강한 사람이 역경을 만났을 때 활성화되는 뇌 신경회로에 대한 연구도 등장한다. 이 신경회로가 발달하려면 아이는 성공뿐 아니라 때로는 좌절도 경험해야 한다.

성공한 인생을 사는 또 하나의 비결은 자신감이다. 많은 천재가 모차르트나 아인슈타인에 버금가는 재능을 가졌음에도 자신의 아이디어를 세상에 알릴 자신이 없어서 그냥 묻어버리고 말았다. 대부분 사람은 자신감의 유무가 성공 여부에 달려 있다고 생각한다. 그러나 진정한 자신감은 결과에 상관없이 도전을 환영하고 위험을 감수할 때 생겨난다.

과격한 신체 놀이는 위험감수력, 끈기, 자신감을 키워줄 뿐 아니라 신체 발달과 정서 발달도 촉진한다. 고강도 신체 놀이를 많이 하는 것이 비만 아동에게 도움이 된다는 것은 쉽게 예측할 수 있다. 그 외에도 거친 신체 놀이가 동반하는 지속적인 신체 활동과 강도 높은 근육 운동은 아이의 지구력과 체력을 키워준다. 아동의 신체 발달을 장기간 관찰한 한 연구는 과격한 신체 놀이의 필수 기술 중 하나인 '뛰기'와 골밀도 사이의 상관관계를 밝혀내기도 했다. 연구 결과에 따르면 아이가 많이 뛸수록 뼈가 튼튼해지며, 이런 효과는 성인이 되어서도 지속될 가능성이 크다.

과격한 신체 놀이가 아이의 정서 발달에 미치는 영향은 신체 발달에 미치는 영향보다 덜 가시적이긴 하지만, 매우 강력하다. 펠레그리니는 아이가 부모와 신나게 뛰어놀며 함께 호흡을 맞춘 경험이 타인의 감정과 신호를 읽는 능력의 기초를 형성한다고 말했다.

또한 과격한 신체 놀이는 강한 자극이 필요한 유형의 아이에게 좋은 대안이 된다. 아이가 인사 대신 몸을 마구 부딪치는 것을 좋아하는가? 목소리가 크고 움직임이 빠르며 엄청난 활동량을 자랑하는가? 늘 무언가에 몸을 부딪치려 하고, 가는 곳마다 싸움이나 갈등을 불러일으키는가? 그런 아이가 있다면 이번 장에서 소개하는 놀이를 함께 해보길 권한다. 분명 즉각적인 효과를 볼 수 있을 것이다. 강한 자극을 필요로 하는 아이가 과격한 신체 놀이를 통해 자신의 욕구를 충족하고 나면, 좀더 안정된 모습으로 남은 하루를 보내게 된다.

이번 장에서 소개하는 놀이는 강도가 높고, 약간 위험하며, 상당히 어려운 동작들로 구성되어 있다. 당신이 강도 높은 스릴을 즐기는 유형이라면, 아이의 신호에 귀를 기울여 놀이가 안전하게 유지되도록 주의해야 한다. 반대로 이 장에 등장하는 놀이가 지나치게 위험하게 느껴진다면, 안전은 지식에서 비롯된다는 사실을 기억하길 바란다. 로렌스는 딸 에마가 세 살이 됐을 무렵의 한 일화를 통해 이런 사실을 깨달을 수 있었다.

어느 날 에마는 젖은 발로 욕조의 가장자리를 평균대처럼 걸어보고 싶다며 고집을 부렸다. 로렌스는 위험하니 안 된다고 했지만, 그가 잠시 한눈을 판 사이 에마는 욕조 위로 올라갔다. 에마가 미끄러져 넘어지려는 순간 다행히 로렌스가 아이를 발견하고 붙잡아줄 수 있었다. 에마는 곧바로 울음을 터뜨렸다. 울음소리가 잦아들 무렵 에마는 "이건 아빠 잘못이야!"라고 외쳤다. 로렌스는 평정심을 조금 잃어버린 말투로 아빠가 넘어질 거라고 경고하지 않았느냐고 되받아쳤다.

에마의 대답은 세 살 꼬마의 논리로 무장되어 있었다.

"내가 그렇게 하고 싶어 할 거라는 걸 아빠는 내가 태어날 때부터 알고 있었어야지!"

그로부터 오랜 세월이 지났고 지금도 로렌스와 에마는 그때 일을 회상하며 함께 웃는다.

그러나 앞뒤가 안 맞게 느껴지는 에마의 말에는 진실이 녹아 있다. 부모는 아이가 실험하고, 탐구하고, 자신의 한계를 뛰어넘으려고 시도하기 위해 태어났다는 사실을 알고 있어야 한다.

모든 사고를 예측하고 예방할 순 없지만, 우리가 충분히 주의를 기울인다면 아이를 향해 언제 도움의 손길을 내밀어야 하는지 알 수 있다. 안전이 지식에서 비롯된 것이라면, 우리가 알아야 할 지식은 아이들은 언제나 예기치 않은 행동을 한다는 것이다. 에마의 말처럼 아이들은 미지의 세계로 뛰어들기 위해 태어났기 때문이다.

우리는 성장하면서 돌다리도 두드려보고 건너야 한다는 진리를 깨닫는다. 그렇지만 두드려만 보고 돌다리를 건너는 것을 잊어서는 안 된다! 만화 「피넛츠Peanuts」의 저자 찰스 슐츠Charles Schultz는 이렇게 말했다.

"인생은 마치 10단 자전거와 같다. 대부분 사람은 자신이 가진 기어를 다 쓰지도 못하고 죽는다."

이번 장에서 소개하는 놀이는 우리가 한 번도 사용하지 않은 기어를 움직이게 할 것이다.

## 과격한 신체 놀이의 주요 기술

**달리기 >** 통념과는 달리 달리기도 연습하면 빨라질 수 있다. 아이에게 달리기를 연습시킬 땐 '무릎 들어 올리기, 다리 앞으로 뻗기, 팔

앞으로 뻗기, 뒤꿈치 차기 최소화하기' 등 네 가지에 집중하도록 가르치자.

**뛰기 >** 최대한 높이 뛰고 싶을 땐 무릎을 굽혀 쭈그리고 앉았다가 뛰어오르며 팔을 위로 한껏 들어주어야 한다. 대부분의 사람은 높이뛰기를 할 때 팔이 중요한 역할을 한다는 사실을 모른다. 최대한 멀리 뛰고 싶을 땐 전속력으로 달리다가 뛰어올라야 한다.

**착지 >** 높이가 1미터 미만인 지점에서 뛰어내릴 때는 무릎을 굽혀 충격을 흡수한다. 더 높은 곳에서 뛰어내릴 땐 '제로니모(226쪽)' 놀이를 참고하자.

**구르기 >** 낙법으로 구를 때 가장 좋은 방식은 어깨 구르기다. 무릎을 굽히고 머리를 한쪽으로 기울인 후, 손이나 팔로 땅을 짚고 어깨로 구르는 것이다. 구르기를 잘하면 머리가 땅에 닿지 않는다.

## 스페인 계단

- **적정 연령** ▶ 만 3세 이상
- **난이도** ▶ 하
- **주요 기술** ▶ 착지

유럽에서 가장 웅장한 계단의 이름을 딴 것으로, 거친 신체 놀이에 계단을 어디까지 활용할 수 있을지 시험해보는 놀이라고 할 수 있다. 계단 최대한 많이 뛰어내리기도 좋고, 아이가 계단에서 당신의 품속으로 뛰어내리게 하거나, 소파 쿠션을 쌓아놓고 그 위로 뛰어내리며 노는 것도 재미있다. 두세 개의 계단으로 시작해서 점차 늘려나간다. 단, 절대 여섯 계단 이상을 한꺼번에 뛰어내려서는 안 된다.

계단에서 뛰어내리는 놀이를 모두 익혔다면, 이번엔 계단을 올라가는 놀이를 해보자. 누가 더 많은 계단을 한꺼번에 뛰어오를 수 있는지 경쟁하거나, 아이를 발에 앉히고 통통 뛰며 계단을 몇 개나 오를 수 있는지 시험해보는 것도 좋다. 계단 맨 꼭대기까지 오른 후 배로 미끄러져 내려오면 아이는 무척 즐거워할 것이다. 그러나 반드시 계단에 카펫이 깔려 있어야 한다!

계단 뛰어내리기를 할 때는, 두세 개부터 시작해
여섯 개까지 점차 늘려갈 수 있다.

# 스파이더맨

- 적정 연령 ▸ 만 8세 이상
- 난이도 ▸ 중
- 주요 기술 ▸ 달리기

스파이더맨 옷을 입은 피터 파커Peter Parker처럼 당신과 아이도 벽을 탈 수 있다.

벽에서 9미터가량 떨어진 지점에 벽을 마주 보고 선다. 벽을 향해 전속력으로 달리되, 정면으로 달리지 말고 30도 각도에서 달린다. 도움닫기 거리를 충분히 확보하여 최대 속도를 내는 것이 중요하다. 벽에 다다르면 대각선으로 벽을 타고 오른다.

처음에는 두세 걸음 정도 오른 후 내려와야 할 것이다. 그러나 연습을 충분히 하면 네 걸음까지도 오를 수 있다. 아이가 벽을 탈 때는 밑에서 겨드랑이와 엉덩이를 잡아준다. 이 놀이를 할 때는 마찰력이 좋은 운동화를 신는다.

벽을 향해 달려가 뛰어오른 후 한 발로 벽을 차고 반대 방향으로 뛰어내리는 변형된 버전도 재미있다.

아이의 겨드랑이와 엉덩이를 잡아주어
아이가 높이 오를 수 있게 한다.

# 네이비실

- 적정 연령 ▶ 만 10세 이상
- 난이도 ▶ 중
- 주요 기술 ▶ 구르기

네이비실 선발 과정을 위한 훈련 코스는 여러 개의 과제로 이루어져 있으며, 하나의 과제는 지원자가 일정 시간 내에 완수해야 하는 두어 개의 활동으로 구성되어 있다. 우리가 소개하는 과제는 모래가 있는 물가에서 하는 것이 가장 좋다.

물과 잔디의 중간 지점, 모래가 있는 곳에 무릎을 꿇고 허리를 굽혀 바닥을 짚는다. 머리 쪽이 약간 위를 향해 기울어지도록 자세를 조정한다. 이렇게 하면 어깨가 엉덩이보다 약간 높아진다. 바닥을 짚은 손은 움직이지 않는다. 아이는 몇 미터 떨어진 잔디밭에 누워 있다가 신호가 떨어지면 벌떡 일어나 당신을 향해 전속력으로 달려와 당신의 등 위를 측면으로 구른다(아이가 구를 때 등이 서로 맞닿아야 한다). 아이가 구르기 위해 한쪽 어깨를 내리면서 팔을 가슴 위로 모아주는 것이 이 동작의 핵심이다.

구르기를 마치면 아이는 계속 달려가 물속에서 몇 미터 정도 헤엄친 후, 모래사장으로 돌아와 당신의 등 위를 다시 한번 구른다. 모든 동작을 마친 아이가 원래 있었던 잔디밭으로 돌아가 누우면 과제를 완수한 것이다.

아이가 당신의 등 위를 구를 때
한쪽 어깨를 내리면서 팔을 가슴 위로 모아주는 것이
이 동작의 핵심이다.

**note** 1962년에 창군된 미 해군 특수부대 네이비실은 세계에서 체력이 가장 막강한 군대로 명성을 떨쳐왔다. 강도 높은 훈련을 동반한 혹독한 선발 과정을 거치기 때문이다. 이 놀이는 거기에서 따왔다.

## 고양이 점프

- 적정 연령 ▶ 만 10세 이상
- 난이도 ▶ 상
- 주요 기술 ▶ 뛰기

아이가 뛰어오를 수 있는 높이의 실외 담을 고른다(아이의 키보다 60~90센티미터 정도 더 높으면 알맞다). 아이는 담을 향해 정면으로 달려가다가 담으로부터 30~60센티미터 정도 떨어진 지점에서 뛰어오른다. 위를 향해 뛰어오르면서 동시에 앞으로 뛰어야 한다. 이때 담 끝부분에 손을 댄 채 벽에 발을 대고 버틴다. 추진력을 잃지 않으면서 손발을 이용해 벽을 타고 오른다.

벽을 향해 달리다 보면, 점프하기 위해 멈추어야 함에도 끝까지 달리고 싶다는 자연적인 본능이 발동된다. 그런데 그보다 더 큰 문제는 벽에 가까워질수록 자기도 모르게 속도를 줄이게 된다는 것이다. 이 동작은 속도와 추진력을 유지해야만 해낼 수 있으므로 아이가 그런 본능을 극복하도록 도와야 한다.

아이가 동작에 익숙해질 때까지 당신이 담 옆에 서서 스포터 역할을 하면 좋다. 그리고 당신도 당신의 키에 맞는 담을 찾아 한번 도전해보자!

이 동작은 속도와 추진력을 유지해야만
해낼 수 있으므로, 아이가 벽이 가까워질수록 속도를
줄이려는 본능을 극복하도록 돕는다.

**note** 파쿠르Parkour는 수련자들이 빌딩 등의 장애물을 극복하기 위해 자신의 움직임을 주변 환경에 적응시키는 수련법이다. 그중 '고양이 점프'라는 의미의 캣립Cat Leap 기술은 담에 매달리거나 뛰어넘기 위한 것이다.

# 제로니모

- 적정 연령 ▶ 만 12세 이상
- 난이도 ▶ 상
- 주요 기술 ▶ 착지

제2차 세계대전 당시 미군 공수 대원이었던 오브리 에버하르트Aubrey Eberhardt는 비행기에서 뛰어내리면서 아파치족의 군사 지도자였던 제로니모Geronimo의 이름을 크게 외쳤다. 그는 그렇게 하면 자신의 영혼이 두려움에서 벗어날 수 있다고 믿었다. 이후 제로니모는 공수부대 대원이 낙하산에서 뛰어내릴 때 외치는 구호가 됐다.

제로니모는 만 12세 이상인 아이와 할 수 있는, 3미터를 넘지 않는 낮은 지붕(차고 등)에서 뛰어내리는 놀이다. 착지할 때 주의해야 하는 사항은 다음과 같다.

- 발과 다리를 모아 동시에 바닥에 닿도록 한다.
- 충돌과 동시에 무릎을 굽혀 충격을 흡수한다(다리를 편 상태에서 받는 충격은 최대 38배까지 증가할 수 있다).
- 충돌과 동시에 어깨로 굴러 표면적을 넓혀 힘을 분산시킨다.
- 아이와 교대로 뛰어내린다. 동시에 뛰어내리면 착지 후 구르기를 할 때 서로 엉킬 수 있다.
- 차고 지붕에 오를 때는 사다리를 활용한다. 절대 빗물받이 홈통을 타고 올라가선 안 된다.

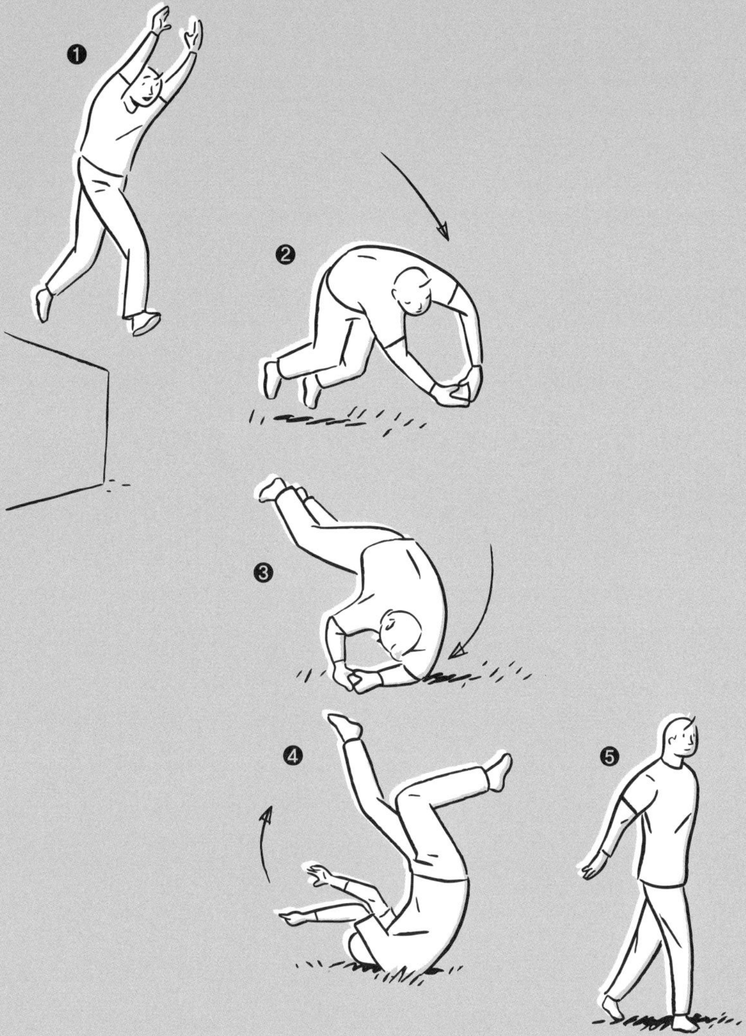


높은 곳에서 뛰어내리기 전, 서 있는 자세에서
어깨로 착지하는 것을 충분히 연습한다.

# 스윙 댄스

- 적정 연령 ▶ 만 10세 이상
- 난이도 ▶ 상
- 주요 기술 ▶ 착지

엘라 피츠제럴드Ella Fitzgerald는 "스윙이 없으면 아무것도 아니야(It don't mean a thing if it ain't got that swing)"라고 노래한 바 있다(본래 '스윙'이란 단어는 음악을 들을 때 느껴지는 '흥'을 일컫는 말이다-옮긴이). 이 놀이에서는 아이와 함께 고난도 스윙 댄스 동작에 도전해본다.

신나는 스윙 음악을 배경으로 틀어놓으면 더 재미있다. 동작이 어려우므로 특히 뒤집기를 할 때는 익숙해질 때까지 스포터의 도움을 받는다.

아이가 당신을 향해 달려오다가 거리가 가까워지면 손을 짚고 물구나무선다. 당신은 손을 내밀어 아이의 허리를 잡아 당신의 몸을 향해 뒤집는다. 아이의 다리가 당신의 어깨 위로 올라오면 아이를 붙잡아 공중으로 들어 올린다. 내려올 때 아이는 다리를 벌려 당신의 어깨에 부딪히지 않게 하고, 두 팔로 당신의 목을 감싼다. 이때 당신은 아이의 허리를 잡아 부드럽게 착지할 수 있게 돕는다.

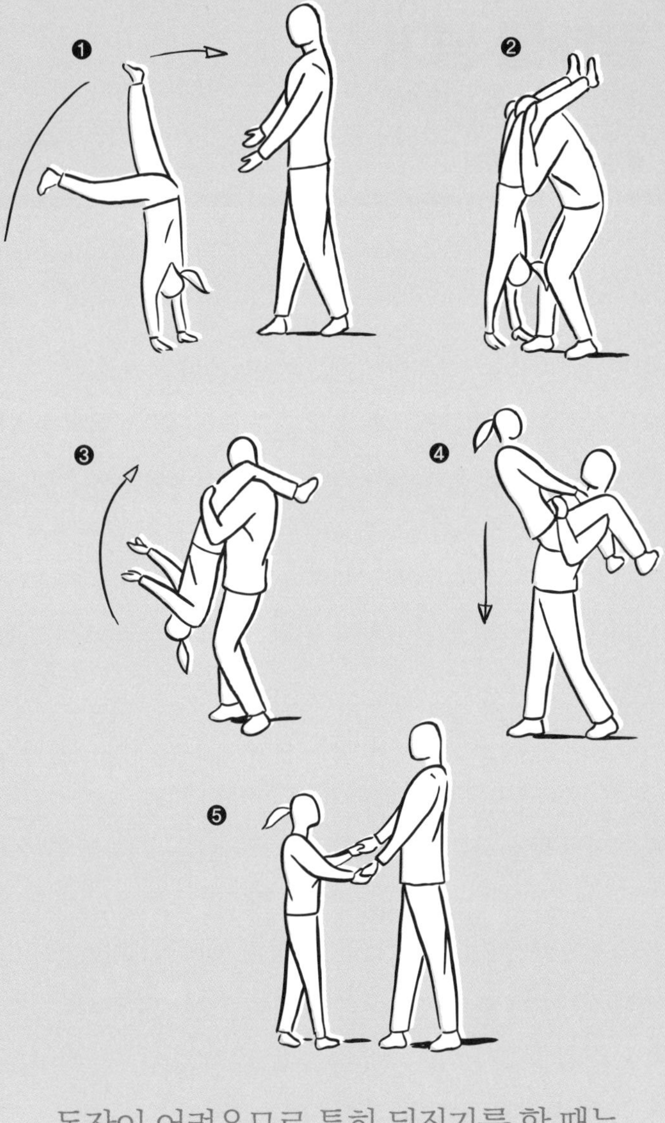

동작이 어려우므로 특히 뒤집기를 할 때는
익숙해질 때까지 스포터의 도움을 받는다.

## 장애물 넘기

- 적정 연령 ▶ 만 12세 이상
- 난이도 ▶ 상
- 주요 기술 ▶ 뛰기

'사이드 플랜팅side-planting'이라고도 부르는 뛰어넘기 기술이다. 장애물을 향해 달려오다가 두 손을 대고 몸을 옆으로 비틀어 두 다리를 반대쪽으로 넘긴다. 당신의 가슴 앞쪽이 장애물을 마주 보는 상태에서 뛰어넘어야 한다. 아이가 이 동작을 처음 시도할 때는 아이가 넘어오는 쪽에 서 있다가 착지를 돕는다. 두 손 대신 한 손만 짚고 뛰어넘을 수도 있으나, 그렇게 하려면 훨씬 더 많은 힘과 민첩성이 필요하다.

더 고난도인 버전은 몸을 옆으로 틀지 않고 정면으로 뛰어넘는 것이다. '고양이 점프(224쪽)'와 마찬가지로 파쿠르 수련 기법에서 가져온 이 동작을 사용하면 허리 높이의 장애물은 대부분 뛰어넘을 수 있다. 낮은 벽이나 장애물을 향해 달려가면서 두 손을 내밀어 손이 장애물에 가장 먼저 닿게 한다. 이때 두 손은 어깨너비보다 약간 더 벌린 상태여야 한다. 점프하기 전에 두 손으로 장애물을 짚고 그 사이로 두 발을 모아 넘는다. 손과 팔을 스프링처럼 사용하여 몸을 장애물 반대쪽으로 넘어가게 한다.

몸을 옆으로 비틀어 두 다리를 반대쪽으로 넘긴다.

# 투명 그네

- 적정 연령 ▶ 만 7~10세
- 난이도 ▶ 상
- 주요 기술 ▶ 달리기, 착지

그네를 밀어주던 어른이 아이를 높이 밀어 올린 후 빠르게 그네 밑을 지나가면 아이는 무척 즐거워한다. 투명 그네는 이 놀이의 과격한 버전이라고 생각하면 된다. 왜냐하면 그네가 없기 때문이다!

이 놀이에는 스포터와 매트리스가 있어야 한다. 야외에서 하는 것이 좋으므로 더러워져도 괜찮은 매트리스를 사용한다(야외 놀이용 매트리스를 따로 두면 좋다).

매트리스의 측면(긴 쪽)을 등지고 선다. 이때 매트리스 위로 올라가지는 않는다. 아이가 당신을 향해 전속력으로 달려오다가 1.5미터 정도 남겨두었을 때 손으로 땅을 짚고 당신을 향해 정면으로 재주넘기를 한다. 당신은 손으로 아이의 엉덩이와 등을 잡아준 후 스포터의 도움을 받아 아이를 들어 올려 머리 위로 던진다. 아이는 매트리스 위에 발로 착지한 후 앞으로 한 번 굴러 충격을 완화한다.

이 놀이를 할 때는
스포터와 큰 매트리스가 있어야 한다.

## 과격한 신체 놀이의 실전 체험담

유난이 겁이 많은 아이 레오는 유치원에서도 잘 적응하지 못했다. 부모는 레오가 언제나 어른 앞에서 예의 바르고 어린 여동생에게도 친절하다고 했다. 로렌스를 만났을 때 레오는 자신의 불안감을 가라앉힐 여러 테크닉을 가르쳐달라고 했고, 어느 정도 효과를 보기도 했다. 그러나 진짜 돌파구는 로렌스가 레오의 집을 방문했을 때 찾아왔다.

레오는 처음에는 얌전하고 조심스럽게 놀았다. 로렌스가 그런 레오를 그냥 내버려 둘 리 없었다. 로렌스는 점점 강도를 높여 놀이를 조금씩 소란스럽게 만들었다. 그는 먼저 레오가 조심스럽게 조립해놓은 장난감 기차를 철로에서 떨어뜨렸다. 그런 다음에는 자신의 기차를 레오의 기차에 계속해서 부딪쳤다. 얼마 지나지 않아 그들은 놀이방을 이리저리 뛰어다니며 신나게 웃고 떠들고 있었다. 레오가 장난감 기차를 집어 던지고 여동생에게 소리를 지르기 시작한 후에야 로렌스는 아이를 진정시켰다.

레오의 부모는 몹시 놀랐다. 아들의 이런 모습을 본 적이 없기 때문이다(물론 로렌스의 이런 모습도 처음이었다!). 불안장애를 겪는 다른 아이들과 마찬가지로 레오는 자신이 화를 내면 폭력적이고 파괴적으로 될까 봐 두려워하고 있었다. 그러나 조금 과격한 놀이를 통해 자기 안에 존재하는 충동적인 공격성을 밖으로 표출하자, 레오는 그 두려움을 내려놓을 수 있었다. 레오의 여동생도 (때때로 자신을 놀리고 물건을 빼앗긴 했지만) 오빠의 변화를 환영했다. 원래부터 격렬한 놀이를 좋아했던 여동생은 이제 오빠와 함께 거친 신체 놀이를 할 수 있게 된 것을 즐거워했다.

레오의 부모는 아들의 변화를 믿을 수 없었다. 얌전하기만 하던 아이 안에 이런 말썽꾸러기 기질이 있었다니! 그러나 그들도 아들의 변화를 긍정적으로 바라봤다. 놀이방에서 두 아이가 신나게 뛰노는 모습을 지켜보며 레오의 아빠는 로렌스를 향해 이렇게 말했다.

"저도 아이의 새로운 모습에 적응해야만 하겠군요."

레오와 마찬가지로 페니도 조심성이 많은 아이였다. 그녀는 언제나 규율대로만 행동했고, 모험을 하거나 옷이 더러워지는 것을 싫어했으며, 떠들썩한 놀이는 무조건 거부했다. 페니의 아빠 조지는 딸이 그런 성향 때문에 인생에서 많은 즐거움을 놓치며 살까 봐 걱정이 됐다. 그는 아이를 달래도 보고, 압박도 해보고, 놀리기도 해보고, 소리도 질러보고, 애원도 해봤다. 하지만 그런 행동은 (예상했다시피) 아무런 효과도 없었다.

그래도 조지는 쉽게 포기하지 않았다. 끊임없이 새로운 방안을 모색하던 그는 어느 날 우연히 해결책을 찾아냈다. 페니가 소파에 앉아 책을 읽고 있는데 조지가 다가가 이렇게 말했다.

"이런 조심해! 잘못하면 소파에서 떨어진다고!"

페니는 키득키득 웃었다. 조지는 예민한 페니가 자신을 놀린다고 느끼지 않도록 조심했다. 아빠의 얼굴에 웃음기가 가득했기 때문에 페니는 그가 장난치고 있다는 것을 알았고, 화를 내지 않았다.

페니가 소파에서 일어서자 조지는 아이를 따라갔다.

"헉, 설마! 지금 걸으려는 건 아니지? 아, 도저히 떨려서 볼 수가 없어!"

그는 아이가 넘어질까 봐 차마 볼 수 없다는 듯이 눈을 가리고 돌아다니며 여기저기 부딪혔다. 그런 아빠의 모습이 재미있었던 페니는 그를 더 놀라게 해주려고 조금씩 더 대담한 행동을 하기 시작했다. 조지는 아이가 계단을 오르락내리락하는 등의 '위험한' 행동을 할 때마다 겁에 질리는 연기를 완벽하게 해냈다. 얼마 지나지 않아 페니는 계단에서 아빠의 품으로 뛰어내리기도 하고, 소파 등받이에 올라가 아슬아슬하게 걷기도 했다. 그러면서 그들은 함께 웃고 또 웃었다. 페니의 행동이 점점 더 대담해지면서 한두 번 미끄러져 넘어질 뻔하기도 했지만, 그때마다 조지가 곁에서 바로 붙잡아주었다.

이런 일이 몇 번 반복되자 페니는 위험을 감수해도 괜찮다고 생각하게 됐다. 놀랍게도, 이런 변화는 신체 활동뿐 아니라 그림, 글, 사회 교류 활동에 이르기까지 모든 면에서 그녀를 더 대담하게 만들어주었다.

아이와 이런 시간을 몇 번 더 가진 후, 조지는 딸과 조금 더 과격하게 놀 방안에 대해 앤서니에게 조언을 구했다. 앤서니는 페니가 뛰는 것에 대한 두려움을 극복하고 그 사실을 자랑스러워한다는 이야기를 듣고는, 뛰는 동작이 가미된 놀이 몇 가지를 알려주었다. 그중 페니가 가장 좋아한 놀이는 '스파이더맨(220쪽)'이었다. 그녀는 특히 학교 외벽을 타며 이 놀이를 하는 것을 무척 좋아했다.

레오와 페니가 지나치게 조심스러운 아이였다면 제롬은 지나치게 조심스러운 아빠였다. 그러나 그의 아들 대니얼은 아빠와는 정반대였다. 대니얼이 모험을 좋아했기에 제롬은 늘 아이에게 "조심해!"라고 외쳐야만 했다.

어느 날 아들과 함께 공원 놀이터에 간 제롬은 여느 때처럼 아들 주변을 서성거리며 안절부절못하고 있었다. 그런 그에게 근처에 있던 한 엄마가 말을 걸었다.

"저렇게 높이 올라갔는데도 아이가 꽤 안정적이네요? 아이가 기어오르기를 굉장히 잘하나 봐요."

제롬은 무슨 말도 안 되는 소릴 하는 건가 하고 생각했다. 저렇게 높은 곳까지 올라갔는데 안정적이라니? 그러나 새로운 시선으로 바라본 대니얼의 모습은 실제로 매우 안정적이었다. 제롬은 걱정되는 마음을 꾹 누르고 아들에게 좀더 높이 올라가 보고 싶은지 물었다. 대니얼은 "응!"이라고 대답했다. 제롬이 도움이 필요하냐고 묻자 대니얼은 소리쳤다.

"아니!"

이제 제롬과 대니얼은 열렬한 암벽 등반가가 됐다. 과격한 활동을 좋아하는 아들의 성향을 받아들이고 나자 제롬은 자신도 늘 두려워했던 무언가에 도전하고 싶다는 생각이 들었다. 그래서 암벽 등반을 시작했고, 대니얼이 조금 자라자 아들에게도 가르쳐주었다. 이제 그들은 함께 암벽을 타고 과거와는 비교할 수도 없을 만큼 즐겁게 살아가고 있다.

이들이 사는 지역에 모험 놀이터가 있었다면 참 좋았을 것이다. 모험 놀이터는 아마 당신이 사는 지역에도 없을 것이다. 필요성이 큰데도 그 수가 너무나 적기 때문이다. 모험 놀이터는 1940년대에 덴마크의 한 조경가가 처음 만들었다. 그는 아이들이 자신이 심혈을 기울여 디자인한 놀이터보다 공터의 폐자재나 쓰레기 더미 위에서 더 신나게 노는 모습을 지켜보다가 모험 놀이터라는 아이디어를 떠올렸다. 이런 놀이터가 유럽에서는 하나의 트렌드로 자리 잡았지만, 대부분 나라에서는 여전히 찾아보기 힘들다. 이 멋진 놀이터에서 아이들은 요새나 나무 위 오두막을 짓기도 하고, 불을 피우기도 하며, 집에서는 절대 할 수 없었던 온갖 모험을 할 수 있다. 그리고 이런 놀이는 거친 신체 놀이의 철학과 일맥상통한다.

마리오가 처음 로렌스를 찾아왔을 때, 위험감수 놀이에 대한 조언을 구하고자 한 것은 아니었다. 그는 의붓아들 루디와 친밀했던 관계가 깨어질 위기에 처해 괴로워하고 있었다. 그는 늘 게임기나 컴퓨터만 들여다보고 있는 루디를 이해할 수 없었다. 함께 신나게 놀았던 과거와 달리, 그들은 이제 마주치기만 하면 말다툼을 했고 서로 슬슬 피하는 지경에 이르렀다. 마리오는 상황이 이렇게 악화된 데에는 자신에게도 책임이 있음을 인정했고, 어떻게든 상황을 개선하고 싶어 했다.

로렌스는 마리오가 루디와 함께할 수 있는 놀이 몇 가지를 제안해봤지만, 그는 대부분 탐탁지 않아 했다.

"글쎄요. 루디는 절대 그런 건 안 하려고 할걸요."

마리오는 축 처진 어깨로 로렌스의 사무실을 나섰고, 로렌스는 그를 다시 보지 못할 것으로 생각했다. 그런데 놀랍게도, 마리오는 얼마 후 로렌스에게 이메일을 보내 자신이 집에 가면서 생각해낸 훌륭한 아이디어에 관해 이야기해주었다.

그는 집에 돌아와 루디에게 "너 착지법 한번 배워볼래? 그러면 차고 지붕에서 멋지게 뛰어내릴 수 있을 텐데"라고 말했다고 한다. 얼마 후, 외출했다 돌아온 루디의 엄마는 자기 아들이 고래고래 소리를 지르며 차고 지붕에서 뛰어내려 완벽한 착지법으로 바닥을 한 번 굴렀다가, 벌떡 일어나 마리오와 한 번 포옹한 후, 다시 나무를 타고 지붕 위로 올라가는 모습을 보게 됐다. 남편과 아들이 포옹하는 모습을 보지 못했다면 그녀는 아마 너무 놀라 비명을 질렀을 것이다.

몇 달이 지난 후, 마리오는 다시금 소식을 전해왔다. 지붕 뛰어내리기 놀이를 하며 루디와 즐거운 시간을 보내고 더 친밀해진 것 외에도, 이 놀이가 예상치 못한 또 다른 이점을 가져다주었다고 했다. 어려움이 닥치면 쉽게 포기하는 성격이었던 루디가 지붕에서 뛰어내려 보고 싶은 열망이 너무나 컸던 나머지 평소와 달리 착지법을 연습하고 또 연습했다고 한다. 잘하고 싶다는 마음이 연습의 동기가 되어 아이를 바꾸어놓은 것이다. 이것이 우리가 과격한 신체 놀이의 긍정적인 효과에 끈기를 포함한 이유다.

에너지가 넘치는 아이에게 "안 돼"라고 온종일 외쳐봤자 아이는 짜증만 늘고 당신을 싫어하게 될 것이다. 그렇게 말하는 당신도 마찬가지일 것이다. 그보다는 아이가 자신의 강점(열정, 활기, 용기)을 활용하면서 기술, 연습, 집중력이 요구되는 활동을 하게 하는 것이 좋다. 다시 말해 과격한 신체 놀이를 함께하면 좋다. 여기에서 '함께'가 중요한 부분이다. 만약 마리오가 루디에게 "나가서 지붕에서 뛰어내리며 놀아보렴"이라고만 말했다면 루디는 안전한 착지법을 배우지 못했을 것이다. 그리고 마리오는 아내한테 한차례 잔소리를 들어야만 했을 것이다.

행동 과잉은 아니지만 다른 아이들에 비해 열정이 넘치고 강한 자극을 필요로 하는 아이들이 있다. 이런 아이들은 반갑다는 표현으로 때리거나 몸으로 달려들고, 목소리가 크고 움직임이 빠르며, 여기저기 부딪치길 좋아하고,"안 돼"라는 말에 유독 민감하게 반응한다. 종종 주의력결핍과잉행동장애ADHD가 있는 것으로 오인당하기도 하지만 사실 이들에겐 강도 높은 놀이가 필요한 것뿐이다. 큰 베개를 이용해 몸으로 부딪쳐도 안전한 '시끌벅적 베개 싸움(106쪽)'이 좋은 방안이 될 수 있다.

또한 이런 아이들은 진정 효과 때문인지 천으로 몸을 따듯하게 두르고 있는 것을 좋아한다. 그러므로 담요로 아이를 둘러싼 후 굴리거나 들어 올려 집 안을 돌아다니는 놀이를 해도 좋다. '장애물 넘기(230쪽)'나 '투명 그네(232쪽)'는 속도감을 즐기는 아이들에게 안성맞춤이다.

물론 부모는 아이와 강도 높은 놀이를 하는 것이 걱정스러울 수 있다. 그러나 이런 아이들은 내버려 두면 혼자서도 온갖 묘기를 부리며 논다. 그러니 차라리 아이의 성향을 인정하고, 당신도 아이의 놀이 일부가 되어 아이가 안전하게 놀 수 있도록 돕는 것이 낫다.

아이뿐 아니라 당신의 끈기와 자신감도 키워줄 활동 하나를 소개하겠다. 우리가 '도전 시간'이라고 부르는 놀이다. 아이에게 신체적 도전을 줄 수 있는 활동을 한 가지 생각해보자. 나무를 오르거나, 자전거에서 보조 바퀴를 떼어버리거나, 작은 개울을 뛰어넘는 것 등이 있을 것이다. 아이에게 그 활동을 하도록 도전을 주고, '네이비실(222쪽)'처럼 아이의 새로운 도전을 응원하고 격려해보자. 그런 다음 형평성을 위해 아이도 당신에게 도전 과제를 내게 한다.

만약 어떤 과제가 좋겠냐고 우리에게 묻는다면, 이 책에 소개한 여러 가지 활동 중 당신이 그냥 건너뛴 바로 그 활동을 하라고 권하고 싶다. 자, 한번 해보는 거다!

결론

# 거친 신체 놀이의 기쁨

"놀이가 인생을 구제할 수 있다는 말은 절대 과언이 아니다. 확실한 건 놀이가 내 인생을 구제했다는 사실이다. 놀이가 없다면 인생은 생존에 꼭 필요한 일들을 중심으로 지루하게 돌아가는 기계와 같을 것이다. 놀이는 음료수를 휘젓는 막대와 같다. 놀이는 모든 예술, 게임, 책, 스포츠, 영화, 패션, 재미, 경이로움의 토대다. 다시 말해 우리가 '문명'이라고 생각하는 것의 근본이며, 우리 삶에 꼭 필요한 정수이자 인생을 활기차게 만들어주는 것이다." _스튜어트 브라운, 『플레이, 즐거움의 발견』 중에서 나는 평생 일을 한 적이 없다.
그것은 모두 재미있는 놀이였다.
- 토머스 에디슨 Thomas Edison

거친 신체 놀이는 신체 활동, 상호 교류, 시끌벅적한 놀이가 어우러진 기술이다. 놀이에 집중하고 있을 때 아이의 에너지 레벨은 상승하고, 신체 활동이 증가하며, 활기가 넘쳐흐른다. 이것은 과잉 행동이나 공격성과는 완전히 다르다. 아이의 눈은 기쁨으로 빛나고, 부모와 더 많은 신체 접촉을 원하며, 놀이에서 상쾌함과 활력이 느껴진다. 부모와 양질의 신체 놀이를 한 아이는 행복해하고 부모와 더 친밀해지기 원한다. 심지어 말을 더 잘 듣게 될 수도 있다!

아이와 거친 신체 놀이를 할 때, 당신이 아이에게 주는 메시지는 이것이다. 아이가 그러는 만큼 당신도 친밀한 관계를 맺기 원한다는 것, 그리고 아이가 안전하면서도 모험적이고, 경쟁적이면서도 협조적이고, 강인하면서도 온화하길 바란다는 것이다.

지금까지 소개한 놀이를 잘 따라왔다면, 당신은 비행 놀이를 하며 아이에게 용기와 자신감을 심어주고 서로 간의 신뢰를 키울 수 있었을 것이다. 또한 시합 놀이를 하며 팀워크의 중요성과 건전한 경쟁심을 가르칠 수 있었을 것이다. 신체 접촉 놀이를 통해서는 아이의 민첩성을 키워주며 아이와 더 친밀한 관계를 맺을 수 있었을 것이고, 상상 놀이를 하며 아이의 창의력과 문제 해결 능력, 스토리텔링 능력을 키워줄 수 있었을 것이다. 또한 안전은 규칙과 금지가 아닌 지식과 감독, 연습에서 비롯된다는 것을 함께 배웠을 것이다. 마지막으로, 아이와 과격한 신체 놀이를 하며 서로의 한계에 도전하고, 끈기와 위험감수력, 자신감을 키울 수 있었을 것이다.

그렇지만 중요한 건 그것이 아니다. 거친 신체 놀이의 진정한 이점은 기쁨과 사랑이다. 우리는 책의 서두에서 기쁨에 관해 이야기했다. 이제 우리는 사랑에 대한 이야기로 이 책을 마치고자 한다.

신체 놀이만큼 부모와 자녀 간에 깊은 사랑과 애정을 불러일으키는 것은 없다. 아이가 어릴 때 이런 경험을 많이 쌓으면, 아이가 성인이 됐을 때도 의미 있는 관계를 맺게 된다. 특히 성장하며 양육에 대한 경험을 쌓거나 연습을 해보지 못한 아빠들에게 이것은 무척 중요하다. 처음 아기를 부드럽게 안아 올려 웃음을 터뜨리게 한 순간부터 아이와 함께 어려운 신체 놀이에 도전하는 순간까지, 당신은 자녀와 친밀하고 따듯하며 사랑으로 가득 찬 관계를 맺게 될 것이다.

사실 이것이 거친 신체 놀이의 핵심이다.

거친 신체 놀이는 무척 재미있다. 그리고 조금 위험하기도 하다. 사실 거친 신체 놀이가 재미있는 이유는 조금 위험하기 때문이다.

당신도 우리처럼 아이들과 몸으로 놀아주는 걸 좋아한다면, 언젠가는 누군가가 다칠 수 있다는 사실을 예상할 수 있어야 한다.

우리는 신나게 놀다가 조금 멍이 들거나 긁히는 일은 정상적인 유년기의 한 부분이라고 생각한다. 넘어져도 툭툭 털고 다시 일어나, 포기하지 않고 끝까지 해내는 법을 배워가는 과정이기 때문이다. 우리는 그렇게 자신감을 키우며 자랐고, 물리의 법칙도 발견해 나갔다.

우리는 당신이 책임감 있는 어른으로서 아이들이 최대한 다치지 않고 안전하게 놀 수 있도록 감독하리라 믿는다. 물론 놀이는 즐거워야 하고, 시끌벅적해야 한다. 그러나 상식을 벗어나선 안 된다. 만약 아이가 매트리스를 타고 계단을 내려오기엔(198쪽) 너무 어리다면, 아이가 조금 더 자랄 때까지 기다리자. 만약 당신이 여행용 가방을 머리 위 수화물 칸에 집어넣는 데에도 낑낑대는 체력을 가졌다면, 부디 '열기구 여행(76쪽)'은 시도하지 말길 바란다.

이 책의 출판사와 저자는 여기에 포함된 모든 정보가 완전하다거나 당신의 상황에 정확하게 들어맞는다고 주장하지 않는다. 우리는 어떤 무책임한 행동도 권장하거나 조장하지 않으며, 이 책의 제안·정보·설명으로 인해 발생했다고 주장하는 어떤 손해·손실·손상·부상에 대해서도 책임지지 않는다. 우리는 당신이 모든 상황에서 법을 준수하고 상식을 따를 것을 권고한다.

당부의 글은 여기까지다. 자, 이제 신나게 놀아보자!

# 주석

### 1장 > 거친 신체 놀이, 왜 필요할까?

개미의 싸움 놀이에 관해 더 알고 싶으면 S. 브라운(S. Brown)과 C. 본(C. Vaughn)의 『플레이, 즐거움의 발견』(2009)을 참고하라(개미 전문가 E. O. 윌슨(E. O. Wilson)을 인용하였다). 협력 활동에 대해서는 L. 코졸리노(L. Cozolino)의 『정신치료요법의 신경과학(The Neuroscience of Psychotherapy: Building and Rebuilding the Human Brain)』(2002)을 참고하라. 아이의 언어 발달에 부모가 기여하는 바에 대해서는 G. 페인(G. Fein)과 M. 프라이어(M. Fryer)의 『유아기 상징적 놀이 능력에 대한 모성의 기여(Maternal Contributions to Early Symbolic Play Competence)』(1995)를 참고하라. 코네티컷주 중학교의 사례는 CBS방송에서 보도된 내용이다.

### 5장 > 신체 접촉 놀이

사회적 뇌에 관해서는 S. 펠리스(S. Pellis)와 V. 펠리스(V. Pellis)의 『거칠고 과격한 놀이와 사회적 뇌의 발달(Rough-and-Tumble Play and the Development of the Social Brain)』(2007)을 참고하라.

### 7장 > 과격한 신체 놀이

뛰기와 골밀도 사이의 상관관계에 대해서는 A. 펠레그리니(A. Pellegrini)의 『인간의 발달에서 놀이의 역할(The Role of Play in Human Development)』(2009)을 참고하라.

# 참고문헌


- Bekoff, M. (Ed.) (2004). *The Encyclopedia of Animal Behavior*. London: Greenwood Press.
- Bekoff, M., & Pierce, J. (2009). *Wild Justice: The Moral Lives of Animals*. Chicago: University of Chicago Press.
- Bronson, P., & Merryman, A. (2009). *NurtureShock*. New York: Hachette.
- Brown, S., with Vaughn, C. (2009). *Play: How It Shapes the Brain, Opens the Imagination, and Invigorates the Soul*. New York: Penguin.
- Carson, J., Burks, V., & Parke, R. (1993). Parent-Child Physical Play: Determinants and Consequences. In K. Macdonald (Ed.), *Parent-Child Play: Descriptions and Implications* (pp. 197-216). Albany: State University of New York Press.
- CBS Broadcasting, Inc. (2009). Connecticut School Bans Physical Contact. Retrieved April 26, 2010, from http://wcbstv.com/local/school.bans.hugs.2.969949.html.
- Cohen, L. (2001). *Playful Parenting*. New York: Ballentine Books.
- Cozolino, L. (2002). *The Neuroscience of Psychotherapy: Building and Rebuilding the Human Brain*. New York: W. W. Norton.
- The Dalai Lama (1991). *Freedom in Exile: The Autobiography of the Dalai Lama*. New York: Harper Collins.
- Des Georges, S. (2009). "ASU to study power of affectionate physical contact." *Arizona State University News*. Retrieved April 26, 2010, from http://asunews.asu.edu/20090205_affectionstudy.
- Fein, G., & Fryer, M. (1995). Maternal Contributions to Early Symbolic Play Competence. *Developmental Review*, 15, 367-381.
- Fry, D. (2004). Rough-and-Tumble Play in Humans. In A. Pellegrini & P. Smith (Eds.), *The Nature of Play: Great Apes and Humans* (pp. 54-88). New York: Guilford Press.

- Goleman, D. (1995). *Emotional Intelligence: Why it can matter more than IQ*. New York: Bantam Doubleday Dell Publishing Group, Inc.
- Harlow, H. (1962). The Heterosexual Affection System in Monkeys. *American Psychologist*, 17, 1-9.
- Panksepp, J. (2004). *Affective Neuroscience: The Foundations of Human and Animal Emotions*. New York: Oxford University Press.
- Parker, S. (2005). *212°: The Extra Degree*. Dallas: Walk the Talk Co.
- Pellegrini, A. (2009). *The Role of Play in Human Development*. Oxford: Oxford University Press.
- Pellegrini, A. (2005). *Recess: Its Role in Education and Development*. New Jersey: Lawrence Erlbaum Assoc.
- Pellegrini, A. (1995). In A. Pellegrini (Ed.), *The Future of Play Theory: A Multidisciplinary Inquiry into the Contributions of Brian Sutton-Smith* (pp. 194-199). New York: State University of New York Press.
- Pellegrini, A. (1991). Children's Rough-and-Tumble Play: Issues in Categorization and Function. In L. Weis, P. Altbach, G. Kelly, & H. Petrie (Eds.), *Critical Perspectives on Early Childhood Education* (pp. 139-152). New York: State University of New York Press.
- Pellis, S., & V. Pellis. (2007). Rough-and-Tumble Play and the Development of the Social Brain. *Current Directions in Psychological Science*, 16(2), 95-98.
- Reed & Brown. (2005). In K Burriss & B. Boyd (Eds.), *Outdoor Learning and Play Ages 8-12* (pp. 77-84). Maryland: Association for Childhood Education International.
- Smith, P. (2010). *Children and Play*. Hoboken, NJ: Wiley-Blackwell.
- Sunderland, M. (2006). *The Science of Parenting*. New York: Dorling Kindersley.
- Sutton-Smith, B. (2001). *The Ambiguity of Play*. Cambridge: Harvard University Press.
- Wipfler, P. (2010). *The Vigorous Snuggle*. Retrieved April 26, 2010 from http://www.handinhandparenting.org/csArticles/articles/000005/000535.htm.

옮긴이 **송은혜**
미국 샌프란시스코에서 청소년기를 보낸 후, 귀국하여 이화여자대학교 통번역대학원 한영 통역과를 졸업했다. 현재 미 정부 소속 국제협약 기관에서 통역사로 근무하고 있으며, 글밥 아카데미 수료 후 바른번역에 소속되어 출판 번역가로도 활동 중이다. 옮긴 책으로는 『브로큰 그레이스』가 있다.

아이의 뇌는 신체 놀이를 원한다
**아이와 몸으로 놀아주세요**

**초판 1쇄 발행** 2020년 3월 23일
**초판 2쇄 발행** 2021년 7월 28일

**지은이** 앤서니 T. 디베네뎃, 로렌스 J. 코헨
**옮긴이** 송은혜
**펴낸이** 김선준

**편집1팀장** 마수미
**편집1팀** 이주영
**디자인** 김세민
**마케팅** 조아란, 신동빈, 이은정, 유채원, 유준상
**경영지원** 송현주
**외주 편집** 공순례
**외주 디자인** 김영남

**펴낸곳** (주)콘텐츠그룹 포레스트 **출판등록** 2021년 4월 16일 제 2021-000079호
**주소** 서울시 영등포구 국제금융로2길 37 에스트레뉴 1304호
**전화** 02) 332-5855 **팩스** 02) 332-5856
**홈페이지** www.forestbooks.co.kr **이메일** forest@forestbooks.co.kr
**종이** (주)월드페이퍼 **출력·인쇄·후가공·제본** (주)현문

ISBN 979-11-89584-58-0 (03590)

• 책값은 뒤표지에 있습니다.
• 파본은 구입하신 서점에서 교환해드립니다.
• 이 책은 저작권법에 의하여 보호를 받는 저작물이므로 무단 전재와 복제를 금합니다.
• 이 도서의 국립중앙도서관 출판예정도서목록(CIP)은 서지정보유통지원시스템 홈페이지(http://seoji.nl.go.kr)와 국가자료종합목록 구축시스템(http://kolis-net.nl.go.kr)에서 이용하실 수 있습니다.
(CIP제어번호: CIP 2020007937)

㈜콘텐츠그룹 포레스트는 독자 여러분의 책에 관한 아이디어와 원고 투고를 기다리고 있습니다. 책 출간을 원하시는 분은 이메일 **writer@forestbooks.co.kr**로 간단한 개요와 취지, 연락처 등을 보내주세요. '독자의 꿈이 이뤄지는 숲, 포레스트'에서 작가의 꿈을 이루세요.